高职高专计算机类专业系列教材

计算机网络

◎ 主　编　匡　红　郑毛祥　邓　浩
◎ 副主编　黄智伟　毛诗伟　郝　琼

西安电子科技大学出版社

内 容 简 介

本书由五个项目组成，内容安排思路是：从认识计算机网络入手，循序渐进地介绍组建家庭局域网和网络规划与设计的方法，并以组建校园网实例为蓝本介绍交换和路由技术，最后针对互联网应用服务介绍Web应用、FTP服务、DHCP服务等目前主流应用。本书中每个项目均选取典型的工作任务进行讲解，便于开展基于工作过程的技能训练。

本书可作为高职高专计算机专业相关课程的教材，也可供计算机网络爱好者阅读与参考。

图书在版编目(CIP)数据

计算机网络 / 匡红，郑毛祥，邓浩主编. —西安： 西安电子科技大学出版社，2022.8
ISBN 978-7-5606-6583-2

Ⅰ.①计… Ⅱ.①匡… ②郑… ③邓… Ⅲ.①计算机网络 Ⅳ.①TP393

中国版本图书馆 CIP 数据核字 (2022) 第 134633 号

策　　划　秦志峰　杨丕勇
责任编辑　秦志峰
出版发行　西安电子科技大学出版社(西安市太白南路 2 号)
电　　话　(029)88202421 88201467　　　　邮　　编　710071
网　　址　www.xduph.com　　　　电子邮箱　xdupfxb001@163.com
经　　销　新华书店
印刷单位　陕西天意印务有限责任公司
版　　次　2022 年 8 月第 1 版　　2022 年 8 月第 1 次印刷
开　　本　787 毫米 × 1092 毫米 1/16　　　印　张　16.5
字　　数　323 千字
印　　数　1～3000 册
定　　价　58.00 元
ISBN 978-7-5606-6583-2 / TP

XDUP 6885001-1

如有印装问题可调换

前言

　　本书的主要内容包括数据通信网、计算机网络、网络互联与接入技术的基础知识等。通过本书的学习，可以使读者初步具备配置网络参数、组建小型局域网的能力。

　　计算机网络课程是电气信息类、计算机类和通信类专业的专业基础课，它为后续课程——数据通信、物联网技术及应用的学习提供了必需的专业理论知识和专业技能支撑。

1. 编写缘起

　　目前国内教材多偏重理论知识，整个逻辑结构以 TCP/IP 五层为中心，分层讲解其功能作用和关键技术，难以形成一个从网络整体结构出发考虑问题的思路；且过于强调理论教学，难以满足实际工作岗位和高职专业教学的需求。为此，作者认为有必要编写一本适合职业院校电气信息类、计算机类和通信类专业的计算机网络教材，并且该教材应尽量多地介绍基于计算机网络技术的新工艺、新方法，如物联网、大数据、5G 移动通信等热点技术。

　　不同时期的高职院校教育培养目标可能会不一样，但是其核心目标不变，即高职院校教育培养的是实用性、应用型人才，这与普通高等学校培养学术型、学科型人才目标具有明显的差异。所以计算机网络作为一门理论和实践相结合的课程，要突出实践意义。同时，高职院校教育培养的是高级专业人才，其综合素质比中等职业学院培养的人才素质要高，所以要把课程思政，包括工匠精神、职业习惯等内容有机地融入教材中，在提高学生的综合素质上下功夫。而且，高职院校教育的工作内涵是将成熟的技术和管理规范转变为现实的生产服务的技能，这意味着其教材的作用与传统教材有所不同，需要将企业岗位任职要求、职业标准、工作过程或产品作为教材的主体内容，并建立立体化、信息化教学资源，实现教材的多功能作用。

2. 本书特色

本书具有以下特色:

(1) 遵循"以学生为中心、学习成果为导向,促进学生学习"的原则;

(2) 体现职业教育特色,按工作岗位标准(网络运行管理维护员)和流程编写各项目模块;

(3) 作为活页式教材,表现形式灵活,有利于及时将物联网、智能云、区块链等新技术、新工艺、新方法融入教材;

(4) 编写中融入了课程思政、工匠精神培育、职业习惯养成等方面的内容,也与企业案例、职业规范、职业标准等进行了有效衔接;

(5) 以行动导向教学内容(家庭宽带部署、小型局域网、大型局域网、互联网安全)为主体,便于学生在学习过程中通过记录、反思等多种方式强化理论;

(6) 每一个项目 / 任务 / 模块设计是以一个完整的、代表本项目 / 任务 / 模块学习水平的学习成果作为考核内容,突出操作规程的规范性和完整性及成果的可监测性和可验证性。

本书的读者对象包括高职院校学生与教师、企业 IT 运维人员、软件开发和软件测试人员。

本书前三个项目由铁道通信专业带头人郑毛祥教授、青年骨干教师匡红和毛诗伟老师编写,项目四由具有丰富现场设备配置经验的黄智伟老师编写,项目五由软件技术专业带头人郝琼老师和湖北国土资源职业学院网络教研室主任邓浩老师编写。

最后,衷心感谢为本书出版付出时间和精力的各位朋友。

编 者

2022 年 4 月

目录

项目一　认识计算机网络

项目二　组建家庭局域网

项目三　网络规划与设计

项目四　组建校园网实例

项目五　互联网应用服务

项目一

认识计算机网络

Computer Network

任务 1.1 计算机网络简介

姓名:	班级:	学号:	日期:

 教学目标

1. 能力目标

能够用计算机网络的术语描述身边的网络，如校园网、实训室局域网、Wi-Fi 无线网络，并能对其分类，具备描述网络拓扑的能力。

2. 知识目标

了解计算机网络的含义与组成、产生与发展以及计算机网络的结构，理解计算机网络的分类，掌握常见的网络拓扑结构。

3. 素质目标

使学生具备计算机网络架构的思维，能够用网络解释身边的 Internet 行为以及流程。

4. 思政目标

伴随着中国综合国力的日益增强，如今中国互联网已经在几次浪潮中蓬勃发展，渗透到人们生活的方方面面，发展速度更是令世界刮目相看。以此激发学生的学习热情和爱国热情。

 任务下发

公司新购置了一批交换机和路由器，小张作为公司的网络运行维护人员，需要对这些网络设备进行初始化配置，完成公司网络的配置，对总体的网络规划进行设计与完善，包括给公司员工的终端设置 IP 地址，允许员工访问公司的服务器。那么小张应该具备一定的网络基础知识，运用网络测试命令和维护软件进行网络规划和维护。

素质小课堂

如今网络已经成为我们生活中的一部分，互联网在改变我们通信及生活方式的同时，也助力着各行各业的发展。

1987年，王运丰教授和李澄炯博士在北京计算机应用技术研究所建成了一个电子邮件节点，并于同年向德国成功发出了"越过长城，走向世界"的电子邮件。这封邮件的发出，改变了中国计算机发展的国际形象，也拉开了中国互联网发展的序幕。

1994年4月20日，中国首次开通64K国际专线，实现了与互联网的全功能连接，被国际上正式承认为第77个拥有全功能互联网的国家。之后，中国电信开通了北京、上海两个接入Internet的节点，中国传统互联网也在这一时间开始迅速发展。

2012年，中国的手机网民第一次超过了PC网民，移动互联网的腾飞由此开始。放眼当下，随着4G网络已如生活中的水、电、气一般无可替代，"互联网+"国家战略的顺利实施，各行各业几乎被完全覆盖，不断焕发出新的生机。从传统的通信、社交、购物、游戏，到外卖、打车、租车，再到租房、订酒店等，人们的衣食住行用已经发生了巨大变革，获得了全新的选择方式和交易方式。

当前，建设工业互联网的浪潮席卷全球，各主要工业国家纷纷投入新工业革命的竞争当中。工业互联网是国民经济高质量发展的重要引擎，是工业革命重要的新型基础设施，是制造业转型升级的重要抓手。

从1987年的一封邮件到如今全民期待的5G网络推动工业互联网建设，中国互联网行业虽起步较晚，但已走在了世界前列。大数据、人工智能等技术也将带领人们走向万物互联的智能生活时代。以此激发学生的学习热情和爱国热情。

 知识准备

知识点1　计算机网络的形成与发展

计算机网络是计算机技术与通信技术紧密结合的产物，它的出现对信息产业的发展产生了深远的影响。随着计算机网络技术的不断更新，它的应用已经渗透到了社会的各个方面，并且不断地改变着人们的观念、工作模式和生活方式。

本任务在介绍计算机网络的形成与发展的基础上，系统地讨论了计算机网络的定义与功能、基本组成与逻辑结构、拓扑结构与分类，并对网络的目标及应用发展前景进行了探讨。读者通过本任务的学习，将对计算机网络技术及应用有全面的了解和认识。

1. 计算机网络的形成

1946年世界上第一台数字电子计算机问世，之后的近十年时间里，计算机与通信之间并没有什么联系。那时计算机的数量很少，且价格十分昂贵，用户使用计算机很不方便，必须要到计算中心上机和处理数据。纵观计算机网络的发展历程，它经历了一个从简单到复杂、从单机到多机、从终端与计算机之间的通信到计算机与计算机之间直接通信的演变过程。计算机网络的形成大致可以分为以下四个阶段。

1) 第一代计算机网络——面向终端的计算机网络

第一代计算机网络出现在 20 世纪五六十年代，是以主机为中心，面向终端的时代，其特征是计算机与远程终端间的数据通信。第一代计算机网络分为具有远程通信功能的单机系统 (如图 1-1-1 所示) 和具有远程通信功能的多机系统 (如图 1-1-2 所示) 两种形式。

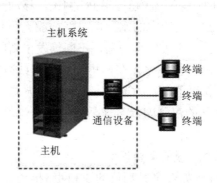

图 1-1-1　具有远程通信功能的单机系统

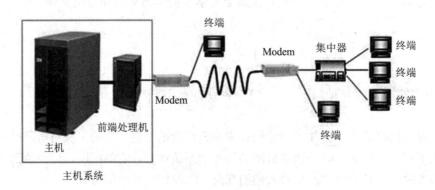

图 1-1-2　具有远程通信功能的多机系统

(1) 具有远程通信功能的单机系统。在该系统中，计算机既要处理数据，又要完成终端间的通信。这种系统存在如下问题：

① 主机负荷较重，实际工作效率下降；

② 每个远程终端独占一条通信线路，通信线路的利用率较低；

③ 数据传输速率较低。

为了克服上述缺点，产生了具有远程通信功能的多机系统。

(2) 具有远程通信功能的多机系统。在该系统中，主机前增设了 1 个前端处理机

(Front End Processor，FEP)，专门用来负责通信工作。为了降低通信线路的建设费用，提高线路的利用率，在终端比较集中的地方设置集中器(concentrator)。集中器由小型机或微型机组成，它将终端发过来的信息按一定的格式收集起来，装配成用户的作业信息，再利用高速线路送给前端处理机；当主机把信息发送给用户时，集中器将接收由前端处理机传来的信息，经预处理后分发给用户，从而实现数据处理与数据通信的分工。

2) 第二代计算机网络——共享资源的计算机网络

第二代计算机网络出现在 20 世纪六七十年代，是以通信子网为中心的时代，其特征是计算机网络成为以公用通信子网为中心的计算机与计算机的通信。

1969 年 12 月，Internet 的前身——美国国防部的 ARPAnet 网投入运行，它标志着计算机网络的兴起。ARPAnet 网络系统是一种分组交换网。分组交换技术使计算机网络的概念、结构和网络设计都发生了根本性的变化，它为后来的计算机网络打下了基础。

3) 第三代计算机网络——标准化的计算机网络

第三代计算机网络出现在 20 世纪 80 年代，是标准化的时代，其特征是网络体系结构和网络协议的国际标准化。

1984 年 ISO(International Standardization Organization，国际标准化组织) 公布了"开放系统互联参考模型" (Open System Interconnection/Reference Model，OSI/RM)，它是网络协议国际标准化的重要标志。它为此后研究、开发网络技术和产品提供了统一的视角，为网络技术的标准化和不同厂商间设备的互联奠定了重要的基础。

4) 第四代计算机网络——互联网

第四代计算机网络出现在 20 世纪 90 年代，这是一个高速化、综合化、全球化、智能化、个人化的时代。

目前，全球以美国为核心的高速计算机互联网络即 Internet 已经形成，它已经成为人类最重要的、最大的知识宝库。而美国政府又分别于 1996 年和 1997 年开始研发更加快速可靠的互联网 2(Internet 2) 和下一代互联网 (Next Generation Internet，NGI)。可以说，网络互联和高速计算机网络正成为最新一代计算机网络的发展方向。

人们为什么如此钟情 Internet 呢？Internet 的魅力何在？因为在 Internet 上，人们可以从事电子商务、电子政务、远程教学、远程医疗，也可以访问电子图书馆、电子博物馆、电子出版物，进行家庭娱乐等，Internet 几乎渗透到了人们的生活、学习、工作、交往各个方面，同时促进了电子文化的形成和发展。Internet 的应用主要体现在以下几个方面：

(1) 远程登录 (Telnet)。远程登录是指在网络通信协议 Telnet 的支持下，设置用户计算机暂时成为远程计算机终端的过程。用户登录后，在个人计算机与远程主机之间建立在线连接，可以实时使用远程计算机上对外开放的全部资源。

(2) 电子邮件 (E-mail)。电子邮件是 Internet 上应用范围最为广泛的服务，它是一种快速、高效、价廉的现代化通信手段。只要知道收信人的电子邮件地址，Internet 用户就可以随时与世界各地的朋友进行通信。

(3) 文件传输协议 (File Transfer Protocol，FTP)。文件传输是指在不同计算机系统间传输文件的过程，FTP 是传输文件使用的协议。Internet 上的用户可以从授权的异地计算机上获取所需文件，这一过程称为"下载文件"；也可以把本地文件传输到其他计算机上供他人使用，这一过程称为"上载文件"。

(4) 万维网 (World Wide Web，WWW)。WWW 是分布式超媒体系统，是融合信息检索技术与超文本技术而形成的使用简单、功能强大的全球信息系统，也是基于 Internet 的信息服务系统。它向用户提供一个多媒体的全图形浏览界面，如果想得到关于某一专题的信息，只要用鼠标在信息栏上一层一层地选择，就可以看到通过超文本链接的详细资料。

2. 网络的目标及应用发展前景

1) 网络的目标

面向信息化的 21 世纪，网络的基本目标是：继续建设国家信息基础设施 (National Information Infrastructure，NII) 和全球信息基础设施 (Global Information Infrastructure，GII)。其总目标是实施数字地球计划，即任何人在任何地点、任何时间都可将文本、声音、图像、电视信息等各种媒体信息传递给任何人。

2) 网络的应用发展前景

网络的应用发展前景主要体现在以下几个方面：

(1) 支柱技术。要实施上述目标，必须具有两个核心技术的支持，即微电子技术和光通信技术。微电子技术能提高芯片的处理能力和集成度。目前微电子技术的发展符合摩尔定律，即每 18 个月更新一次技术。另一个核心技术即光通信技术，Internet 的主干网全是由光纤组成的，根据新摩尔定律——光纤定律 (optical law)，Internet 频宽每 9 个月会增加一倍的容量，而其成本则降低一半。光纤传输技术从产生到现在已经经过了四代，第四代光纤传输采用光波放大器，数据传输速率达 10 ~ 20 Gb/s。如使用密集波分复用技术，光纤传输速率高达 100 Gb/s。

(2) 网络融合。21 世纪是信息时代，体现为计算机、通信、信息三种关键技术的融合。与信息技术密切相关的三网是电信网、计算机网和有线电视网，在不久的将来三网将融为一体。三网融合是指在同一个网络上实现语音、数据和图像的传输，对于用户而言，只需要一条线路就可以实现打电话、看电视、上网等多种功能。

(3) 热门技术。

① 多媒体技术。它是指通过计算机对文字、数据、图形、图像、动画、声音等

多种媒体信息进行综合处理和管理，使用户可以通过多种感官与计算机进行实时信息交互的技术。

② 宽带网技术。网络发展的瓶颈主要是带宽问题，为实现 NII 和 GII 的总体目标，必须先发展宽带网。目前以全光网为基础的信息高速通道可提供非常宽的信道空间。

发展宽带网计划的关键主要有宽带高速交换模块 (如 ATM 交换、路由交换、光交换技术)、高速传送模块 (如 SDH) 和用户宽带接入模块。

以太网的数据传输速率正在不断地提高，从初期的 10 Mb/s 发展到目前的 10 000 Mb/s，以 IP 技术为基础的宽带网技术也正在开发和完善之中。IPv6 的制定和实施，将使现有的 IPv4 网络过渡到 IPv6 时代，彻底解决 IPv4 地址枯竭问题。

以软交换技术为基础的 NGN 和 IP 电信网也是一个研究的热点，目前正在发展和试用中。

③ 移动技术。通用个人化通信 (Universal Personal Telecommunications，UPT) 是 21 世纪引人注目的一种通信方式。通用个人化通信是指任何人可在任何时间与任何地点的人 (或机) 以任何方式进行任何可选业务的通信。通用个人化通信系统以先进的移动通信技术为基础，通过个人通信号码 (Personal Telecommunications Number，PTN) 识别使用者，利用智能网使系统内的主叫无需知道对方在何处，就能自动寻址、接续到被叫。

④ Internet 与信息安全技术。当前，Internet 与信息安全正受到严重的威胁，威胁主要来自病毒 (virus) 和黑客 (hacker) 攻击。为使网络安全、可靠地运行，必须给网络提供安全的保障体系，增强网络的可靠性和健壮性。

⑤ 下一代互联网。下一代互联网的目标是将连接速率提高到 Internet 速率的 100 ～ 1000 倍，突破网络瓶颈的限制，解决交换机、路由器和局域网络之间的兼容问题。它具有广泛的应用前景，能够在医疗保健、国家安全、远程教学、能源研究、生物医学、环境监测、制造工程等方面提供重要的网络支持。

知识点2 计算机网络的定义与功能

1. 计算机网络的定义

计算机网络是指将分布在不同地理位置上具有独立功能的多台计算机、终端及其附属设备，用通信设备和通信线路相互连接起来，在网络软件的管理下实现数据传输和资源共享的系统，也就是说计算机网络是一个互联自治的计算机集合。

从以上定义中可以看出计算机网络包括以下三个部分：

(1) 至少两台计算机互联；

(2) 通信设备与通信线路；

(3) 网络软件和通信协议。

2. 计算机网络的功能

计算机网络可提供许多功能，但其中最主要的功能是数据通信和资源共享。

1) 数据通信

数据通信是计算机网络最基本的功能。它用来快速传送计算机与终端、计算机与计算机之间的各种信息，包括文字信件、新闻消息、咨询信息、图片资料、报纸版面等。利用这一功能，可实现将分散在各个地区的单位或部门用计算机网络联系起来，进行统一的调配、控制和管理。如铁路、民航的自动订票系统，银行的自动柜员机存取款系统。

2) 资源共享

"资源"指的是网络中所有的软件、硬件和数据资源；"共享"指的是网络中的用户都能够部分或全部地享受这些资源。例如，某些地区或单位的数据库（如飞机机票、饭店客房等）可供全网使用；一些外部设备如打印机，可面向用户，使不具有这些设备的地方也能使用这些硬件设备。如果不能实现资源共享，各地区都需要有完整的一套软、硬件及数据资源，则将大大地增加全系统的投资费用。

3) 提高计算机的可利用性

有了网络，计算机可互为备份，当其中一台计算机中的数据丢失时，可从另一台计算机中恢复；网络中的计算机都可成为后备计算机，当一台计算机出现故障时，可使用其他计算机代替；某条通信线路不通，可以把数据切换到另一条线路中传输。

4) 集中管理

通过计算机网络可以将分布于各地的计算机上的信息（如银行系统、售票系统），传到服务器上，从而将分散的计算机资源进行集中管理。

5) 实现分布式处理

分布式处理是将不同地点的，或具有不同功能的，或拥有不同数据的多台计算机通过通信网络连接起来，在控制系统的统一管理控制下，协调地完成大规模信息处理任务的计算机系统。

6) 负荷均衡

负荷均衡是指工作被均匀地分配给网络上的各台计算机系统。网络控制中心负责分配和检测，当某台计算机负荷过重时，系统会把数据自动转移到负荷较轻的计算机去处理，以减少延迟，提高效率，充分发挥网络系统上各主机的作用。

7) 网络服务

网络服务是指一些在网络上运行的、面向服务的、基于分布式程序的软件模块，网络服务采用 HTTP 和 XML（标准通用标记语言的子集）等互联网通用标准，使人们可以在不同的地方通过不同的终端设备访问网络上的数据，如网上订票，查看订座情况。网络服务在电子商务、电子政务、公司业务流程电子化等领域有广泛的应用。

知识点3 计算机网络结构的基本组成与逻辑结构

从物理结构上看，计算机网络是由硬件系统和软件系统两大部分组成的，而从逻辑结构上看，计算机网络是由资源子网和通信子网组成的。

1. 计算机网络的硬件系统

硬件系统是计算机网络系统的物质基础。构成一个计算机网络系统，首先要将计算机及其附属硬件设备与计算机系统连接起来，实现物理连接。

随着计算机技术和网络技术的发展，网络硬件日趋多样化，且功能更强、结构更复杂。

计算机网络的硬件系统由计算机系统、通信线路和通信设备组成。

1) 计算机系统

由于计算机网络中至少有两台具有独立功能的计算机系统，因此计算机系统是组成计算机网络的基本模块，其主要作用是负责数据信息的收集、整理、存储和传送。此外，它还提供共享资源和各种信息服务。

计算机网络中连接的计算机系统可以是巨型机、大型机、小型机、工作站和微机，以及移动电脑或其他数据终端设备等。

2) 通信线路

通信线路是指连接计算机系统和通信设备的传输介质及其连接部件，即数据通信系统。传输介质包括同轴电缆、双绞线、光纤及微波和卫星等，介质连接部件包括水晶头、T形头、光纤收发器等。

3) 通信设备

通信设备是指网络连接设备和网络互联设备，包括网卡、集线器 (hub)、中继器 (repeater)、交换机 (switch)、网桥 (bridge)、路由器 (router) 及调制解调器 (modem) 等通信设备。

通信线路和通信设备是连接计算机系统的桥梁，是数据传输的通道。通信线路和通信设备负责控制数据的发出、传送、接收或转发，功能包括信号转换、路径选择、编码与解码、差错校验、通信控制管理等，以便完成信息的交换。

2. 计算机网络的软件系统

计算机网络的软件系统是实现网络功能不可缺少的环境，是支持网络运行、提高效益和开发网络资源的工具。网络软件通常包括网络操作系统、网络协议软件、网络数据库管理系统和网络应用软件，此处只略述网络操作系统。

网络操作系统 (Network Operating System，NOS) 是运行在网络硬件基础之上的，为网络用户提供共享资源管理服务、基本通信服务、网络系统安全服务及其他网络服务的软件系统。在网络软件中，网络操作系统是核心部分，它是网络的使用方法和使用性能的关键，其他应用软件系统需要网络操作系统的支持才能运行。

目前国内用户较熟悉的网络操作系统有 Netware、Windows2000/2003、OS/2 Warp、Unix 和 Linux 等，它们在技术、性能、功能等方面各有所长，可以满足不同用户的需要，且不同网络操作系统间可以相互通信。

3. 资源子网与通信子网

按照计算机网络的系统功能，计算机网络可分为资源子网和通信子网两大部分，如图 1-1-3 所示。

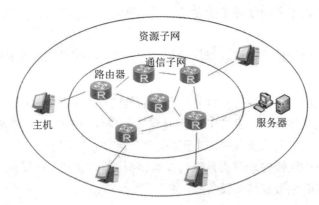

图 1-1-3　资源子网和通信子网

资源子网主要负责全网的信息处理，为网络用户提供网络服务和资源共享功能等。它主要包括网络中所有的主计算机、I/O 设备、终端、网络协议、网络软件和数据库等。

通信子网主要负责全网的数据通信，为网络用户提供数据传输、转接、加工和变换等通信处理工作。它主要包括通信线路（即传输介质）、网络连接设备（如网络接口设备、通信控制处理机、网桥、路由器、交换机、网关、调制解调器、卫星地面接收站等）、网络通信协议和通信控制软件等。

在局域网中，资源子网主要是由网络的服务器和工作站组成的，通信子网主要是由传输介质、集线器、交换机和网卡等组成的。

知识点4　计算机网络的拓扑结构与分类

1. 计算机网络的拓扑结构

在计算机网络中，为了便于对计算机网络结构进行研究或设计，通常把计算机、终端、通信处理机等设备抽象为点，把连接这些设备的通信线路抽象成线，并将这些点和线构成的拓扑称为计算机网络的拓扑结构。

计算机网络拓扑结构有许多种，下面介绍最常见的几种。

1) 总线型拓扑结构

总线型拓扑结构如图 1-1-4 所示。这种结构采用一条单根的通信线路 (总线) 作为公共的传输通道，所有节点都通过相应的接口直接连接到此通信线路上，网络中所有的节点都是通过总线进行信息传输的。

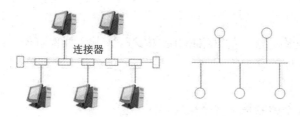

图 1-1-4　总线型拓扑结构

采用总线型拓扑结构的网络使用的是广播式传输技术，总线上的所有节点都可以发送数据到总线上。任一节点发送的信号沿总线传播，且能被其他所有节点接收。由于所有节点共享一条公共的传输通道，因此总线上一次只能由一个设备传输信号。

总线型拓扑结构的典型代表是使用粗、细同轴电缆所组成的以太网。

(1) 总线型拓扑结构的主要优点如下：

① 结构简单灵活；

② 可靠性高；

③ 设备少，费用低；

④ 安装容易，使用方便；

⑤ 共享资源的能力强，便于广播式工作；

⑥ 在总线的任何地方都可以增加新计算机，即总线网络扩充方便。

(2) 总线型拓扑结构的主要缺点如下：

① 故障诊断困难；

② 故障隔离比较困难；

③ 实时性不强；

④ 总线的传输距离有限，通信范围受到限制，扩展麻烦；

⑤ 分布式协议不能保证信息的及时到达，不具备实时功能。

2) 星型拓扑结构

星型拓扑结构采用集中控制方式，如图 1-1-5 所示，各站点通过线路与中心节点相连，中心节点对各设备间的通信和信息交换进行集中控制和管理。其中心节点相当复杂，而各个节点的通信处理负担都较小。因此，此种结构的网络对中心节点的可靠性要求很高。

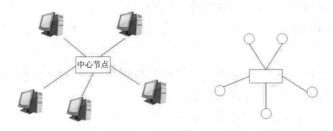

图 1-1-5　星型拓扑结构

(1) 星型拓扑结构是最早的网络拓扑结构之一，其主要优点如下：

① 结构简单，便于管理；

② 控制容易，组网简单；

③ 连接的故障不影响整个网络；

④ 集中控制，故障的检测和隔离方便；

⑤ 延迟时间短，传输的误码率低。

(2) 星型拓扑结构的缺点如下：

① 对中心节点的可靠性要求很高，一旦出现故障，将造成整个网络的瘫痪；

② 费用比较高，需要大量的电缆，维护、安装难；

③ 扩展困难，即增加电缆和中心节点的接口困难；

④ 点对点连接，共享数据能力差；

⑤ 专用通信电缆，利用率不高；

⑥ 各节点的分布处理能力较低。

3) 环型拓扑结构

环型拓扑结构如图 1-1-6 所示，这种结构是将各节点通过一条首尾相连的通信线路连接起来而形成的一个封闭环，且数据只能沿单方向传输。环型拓扑结构有两种类型：单环结构和双环结构。令牌环 (token ring) 网采用的是单环结构，而光纤分布式数据接口 (Fiber Distributed Data Interface，FDDI) 采用的是双环结构。

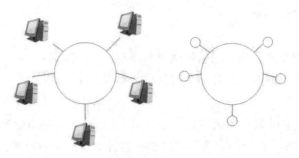

图 1-1-6　环型拓扑结构

环型拓扑结构的网络结构简单，系统中各工作站地位相等，建网容易。

(1) 环型拓扑结构的优点如下：

① 网络结构简单，各工作站间无主从关系；

② 简化路径的选择；

③ 电缆长度较短；

④ 网络的实时性较好；

⑤ 适合于光纤网，传输速度快，避免电磁干扰。

(2) 环型拓扑结构的缺点如下：

① 对环接口要求较高；

② 故障的诊断较困难；

③ 网络扩展困难，可靠性较差；

④ 节点过多时，传输速度较慢。

4) 树型拓扑结构

树型拓扑结构是从总线型拓扑结构或星型拓扑结构演变而来的，它有两种类型：一种是由总线型拓扑结构派生出来的，它由多条总线连接而成，传输媒体不构成闭合环路而是分支电缆；另一种是星型拓扑结构的扩展，各节点按一定的层次连接起来，信息交换主要在上、下节点之间进行。在树型拓扑结构中，顶点有一个根节点，它带有分支，每个分支还可以有子分支，其几何形状像一棵倒置的树，故得名树型拓扑结构，如图 1-1-7 所示。

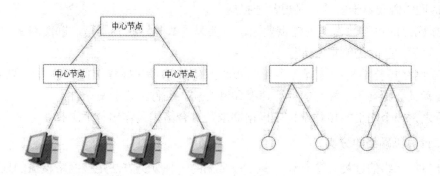

图 1-1-7　树型拓扑结构

(1) 树型拓扑结构的主要优点如下：

① 各节点按一定的层次连接；

② 易于扩展；

③ 易于进行故障隔离，可靠性较高。

(2) 树型拓扑结构的缺点如下：

① 对根节点的依赖性较大，一旦根节点出现故障，将会导致全网瘫痪；

② 电缆成本较高。

5) 网状拓扑结构

网状拓扑结构又称完整结构。它是节点间可以任意连接的一种拓扑结构，即节点之间连接不固定，拓扑结构图无规则，如图 1-1-8 所示，一般每个节点至少与其他两个节点相连。

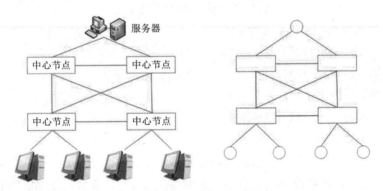

图 1-1-8　网状拓扑结构

网状拓扑结构的最大优点是可靠性高，最大缺点是管理复杂，一般应用在大型网络中。

综上所述，不管是局域网还是广域网，选择其拓扑结构，需要考虑如下因素：

(1) 网络既要易于安装，又要易于扩展。

(2) 网络的可靠性是考虑的重要因素，要易于故障诊断和隔离，以使网络的主体在局部发生故障时仍能正常运行。

(3) 网络拓扑结构的选择还会影响传输媒体的选择和媒体访问控制方法的确定，这些因素又会影响各个站点的运行速度和网络软、硬件接口的复杂性。

总之，一个网络的拓扑结构应根据需求，综合诸因素作出合适选择。

2. 计算机网络的分类

计算机网络的分类方法有许多种，最常见的一种分类方法是按网络覆盖的地理范围分类。

1) 按网络覆盖的地理范围分类

按网络覆盖的地理范围进行分类，计算机网络可以分为局域网、城域网和广域网 3 种类型。

(1) 局域网 (Local Area Network，LAN)。局域网是指局限在 10 千米范围内的一种小区域使用的网络。局域网具有传输速率高 (10 Mb/s ～ 10 Gb/s)、误码率低、成本低、易维护、易管理、使用方便灵活等特点。局域网是在小型机、微机大量推广后发展起来的，一般位于一个建筑物或一个单位内，网络中不存在寻径问题，不包括网络层。局域网目前被广泛应用于连接校园、企业以及机关的个人计算机或工作站，能够实现资源共享和数据通信。它的网络结构一般比较规范，传送误码率较低，一般在 $10^{-6} \sim 10^{-10}$ 之间。

(2) 城域网 (Metropolitan Area Network，MAN)。城域网主要是由城市范围内的各局域网互连而成的一种专用网络系统。其覆盖范围一般在 10 ～ 100 km 范围内，传送误码率小于 10^{-6}，如果采用 IEEE802.6 标准，传输速率为 50 ～ 100 kb/s，如果采用光纤传输，速率为 10 ～ 100 Mb/s。

(3) 广域网 (Wide Area Network，WAN)。广域网又称远程网，是一种远距离传输的计算机网络，其覆盖范围远大于局域网和城域网，通常可以覆盖一个省、一个国家，可以从几十千米到几千千米。由于距离远，信道的建设费用高，因此很少有单位像局域网那样铺设自己的专用信道，通常是租用电信部门的通信线路，如长途电话线、光缆通道、微波及卫星等。广域网传送误码率比较低，一般在 $10^{-3} \sim 10^{-5}$ 之间，如中国电信的 CHINANET 网、CHINADDN 网和中国信息产业部的 CHINAPAC 网。

(4) 互联网。国际互联网是一个全球性的计算机互联网络，也称为"Internet""因特网""网际网"或"信息高速公路"等，它是数字化大容量光纤通信网络或无线电通信、卫星通信网络与各种局域网组成的高速信息传输通道。它以松散的连接方式将各个国家、各个地区、各个机构且分布在世界每个角落的局域网、城域网和广域网连接起来，组成目前世界最大的计算机通信信息网络，它遵守 TCP/IP 协议。对于 Internet 中各种各样的信息，所有人都可以通过网络的连接来共享和使用。

2) 按网络的拓扑结构分类

按网络的拓扑结构分类，计算机网络可以分为总线型、星型、环型、树型和网状网络。例如以总线型拓扑结构组建的网络称为总线型网络，以星型拓扑结构组建的网络称为星型网络。

3) 按传输介质分类

按网络所使用的传输介质分类，计算机网络可以分为双绞线网 (以双绞线为传输介质)、光纤网 (以光缆为传输介质)、同轴电缆网 (以同轴电缆为传输介质)、无线网络 (以无线电波为传输介质) 和卫星数据通信网 (通过卫星进行数据通信) 等。目前，没有一种网络使用单一的介质，一般均混合使用几种介质。

任务实施 1

计算机网络软件体验

在计算机网络的学习过程中，有两个比较常用的软件可以帮助学生了解计算机网络的相关原理，以下主要介绍基于华为设备的模拟器 eNSP 和用于协议数据分析的

Wireshark 软件的基本操作方法。

1. eNSP 软件的安装

eNSP 是由华为公司发布的一个辅助学习工具，为学习网络课程的初学者提供了网络模拟环境。该软件可以展示数据包在网络中行进的详细处理过程，用户可以在软件的图形用户界面上直接使用拖拽方法建立网络拓扑，并实时观察网络运行情况。

eNSP 软件的安装步骤如下：

(1) 双击软件安装包，弹出如图 1-1-9 所示对话框。

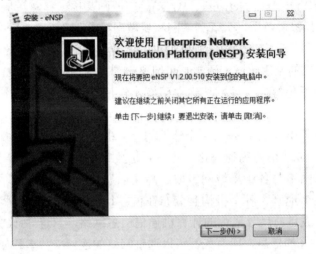

图 1-1-9　双击软件安装包

(2) 点击"下一步"按钮，弹出如图 1-1-10 所示对话框。

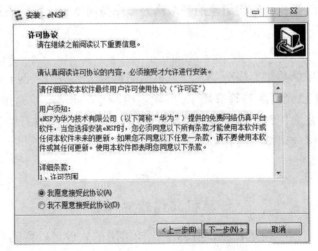

图 1-1-10　许可协议

(3) 点击"下一步"按钮，弹出如图 1-1-11 所示对话框，选择合适的安装路径 (注意：必须是纯英文路径)。

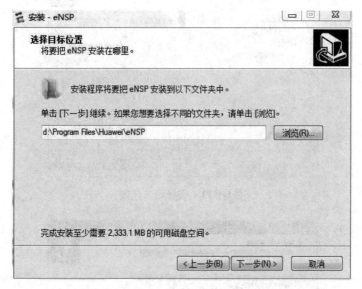

图 1-1-11　选择目标位置

(4) 点击"下一步"按钮，弹出如图 1-1-12 所示对话框，默认"eNSP"文件夹。

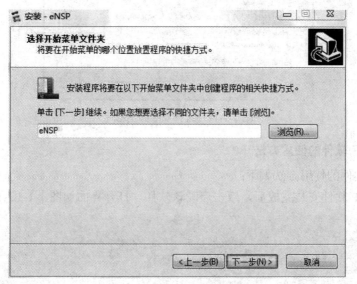

图 1-1-12　选择开始菜单文件夹

(5) 点击"下一步"按钮，弹出如图 1-1-13 所示对话框。

(6) 点击"下一步"按钮，弹出如图 1-1-14 所示对话框，勾选"安装 VirtualBox 5.1.24"复选框。再点击"下一步"按钮，即可完成 eNSP 软件的安装。

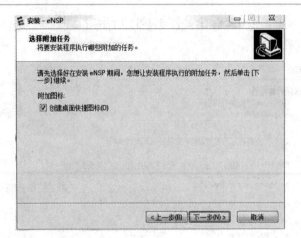

图 1-1-13　选择附加任务

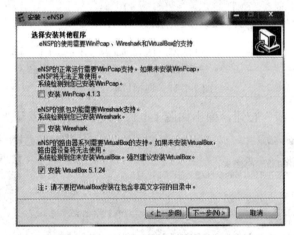

图 1-1-14　选择安装其他程序

2. eNSP 软件的使用方法

eNSP 软件的使用方法如下：

(1) eNSP 软件安装完成后，双击启动该软件，打开界面如图 1-1-15 所示。

图 1-1-15　初始软件界面

(2) 使用 eNSP 软件时各区域功能作用如图 1-1-16、表 1-1-1 所示。

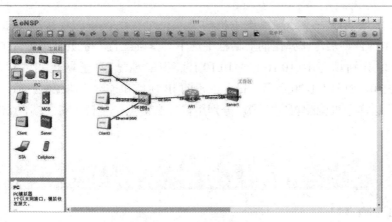

图 1-1-16　eNSP 软件界面

表 1-1-1　eNSP 软件界面布局

编号	区域名称	主要功能
1	菜单栏	此栏中有文件、选项和帮助按钮，在此可以找到一些基本的命令如打开、保存、打印和选项设置，还可以访问活动向导
2	工作区	在此区域中可以创建网络拓扑、监视模拟过程、查看各种信息和统计数据
3	工具栏	包含不同类型的设备，如路由器、交换机、集线器、无线设备、连线、终端设备等

(3) 接下来通过搭建一个简单的局域网体验 eNSP 软件的使用方法。首先在设备类型库中选择交换机，选定交换机的型号后，通过拖拽的方法把设备拖到工作区。然后在终端设备库采用同样的方式添加 3 台主机终端，如图 1-1-17 所示。

(4) 选取合适的线型将设备连接起来。可以根据设备间的不同接口选择线型，如果只是想快速地建立网络拓扑而不考虑线型选择，则可以选择自动连线，如图 1-1-18 特定设备库中第一个闪电形状名为 Auto 的图标。

图 1-1-17　局域网设备放入工作区　　　图 1-1-18　线路选择

(5) 在选取线路后，分别点击主机和交换机可实现设备的连接，如图 1-1-19 所示。双击每一台终端，在弹出的对话框中选中"基础配置"子页，在每台主机的"IP 地址"栏中分别填写 10.10.10.1 ～ 10.10.10.3 中的地址，"子网掩码"栏均配置为 255.255.255.0，如图 1-1-20 所示，每台主机的 IP 地址和子网掩码配置好后，点击"应用"按钮，这样主机就配置完成了。分别用鼠标右键点击三台主机终端，点击"启动"按钮。

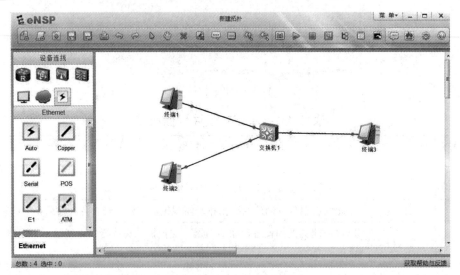

图 1-1-19　结构图连接完成

图 1-1-20　IP 地址配置

(6) 鼠标右键点击交换机，再点击"启动"按钮，双击交换机将会出现指令行界面，如图 1-1-21 所示。

图 1-1-21　指令行界面

(7) 在指令行界面中输入下列指令：

　　　<Huawei>system-view

　　　[Huawei]interface GigabitEthernet 0/0/1

　　　[Huawei-GigabitEthernet0/0/1]undo shutdown

　　　[Huawei-GigabitEthernet0/0/1]quit

　　　[Huawei]interface GigabitEthernet 0/0/2

　　　[Huawei-GigabitEthernet0/0/2]undo shutdown

　　　[Huawei-GigabitEthernet0/0/2]quit

　　　[Huawei]interface GigabitEthernet 0/0/3

　　　[Huawei-GigabitEthernet0/0/3]undo shutdown

　　　[Huawei-GigabitEthernet0/0/3]quit

　　指令输入完成后进入系统视图，再分别进入三个千兆以太网接口，启动该接口 (高端交换机与普通家用交换机不同，需要手动命令行启动使用接口)，如图 1-1-22 所示。

```
<Huawei>system-view                              进入系统视图
Enter system view, return user view with Ctrl+Z.
[Huawei]int
[Huawei]interface gi
[Huawei]interface GigabitEthernet 0/0/1          进入千兆以太网接口0/0/1
[Huawei-GigabitEthernet0/0/1]undo shu
[Huawei-GigabitEthernet0/0/1]undo shutdown       启动该接口
Info: Interface GigabitEthernet0/0/1 is not shutdown.
[Huawei-GigabitEthernet0/0/1]quit                退出该接口模式
[Huawei]
[Huawei]int
[Huawei]interface  gi
[Huawei]interface  GigabitEthernet 0/0/2         进入千兆以太网接口0/0/2模式
[Huawei-GigabitEthernet0/0/2]undo shu
[Huawei-GigabitEthernet0/0/2]undo shutdown       启动该接口
Info: Interface GigabitEthernet0/0/2 is not shutdown.
[Huawei-GigabitEthernet0/0/2]
[Huawei-GigabitEthernet0/0/2]
[Huawei-GigabitEthernet0/0/2]quit                退出该接口模式
[Huawei]int
[Huawei]interface gi                             进入千兆以太网接口0/0/3模式
[Huawei]interface GigabitEthernet 0/0/3
[Huawei-GigabitEthernet0/0/3]und
[Huawei-GigabitEthernet0/0/3]undo shu
[Huawei-GigabitEthernet0/0/3]undo shutdown       启动该接口
Info: Interface GigabitEthernet0/0/3 is not shutdown.
[Huawei-GigabitEthernet0/0/3]
```

图 1-1-22　启动接口

(8) 在工作区中双击一个终端，在出现的对话框中选择"命令行"模式，执行 ping 指令，例如 ping 10.10.10.2(在本终端上 ping 第 (4) 步设置的另外两台终端的 IP 地址)，操作正确将会出现如图 1-1-23 所示的结果。

图 1-1-23　ping 命令成功

如果该实验的配置不正确，将会出现如图 1-1-24 所示的结果，即目标主机不可达。

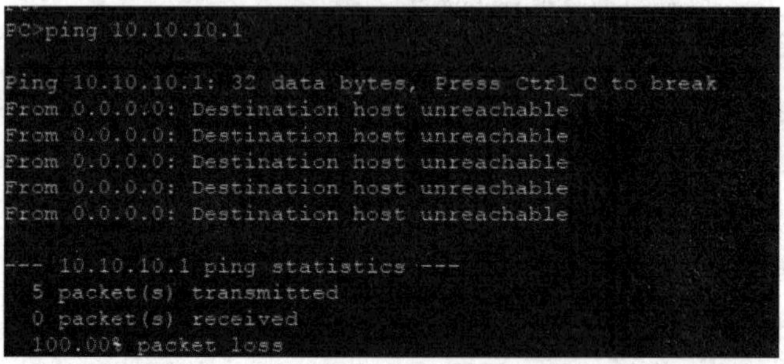

图 1-1-24　ping 命令不成功

3. Wireshark 软件的安装

Wireshark(前称 Ethereal) 是一个网络封包分析软件。网络封包分析软件的功能是 截取网络封包，并尽可能显示出最为详细的网络封包资料。Wireshark 使用 WinPCAP 作为接口，直接与网卡进行数据报文交换。

Wireshark 软件的安装步骤如下：

(1) 如图 1-1-25 所示，双击 Wireshark 软件安装包，32 位电脑使用 Wireshark-win32- 2.4.3.0.exe，64 位电脑使用 Wireshark-win64-2.4.1.0.exe。

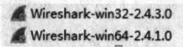

图 1-1-25　Wireshark 软件安装包

(2) 双击 Wireshark 软件安装包后，弹出如图 1-1-26 所示对话框。

图 1-1-26　欢迎导航

(3) 点击"Next"按钮，弹出如图 1-1-27 所示对话框。

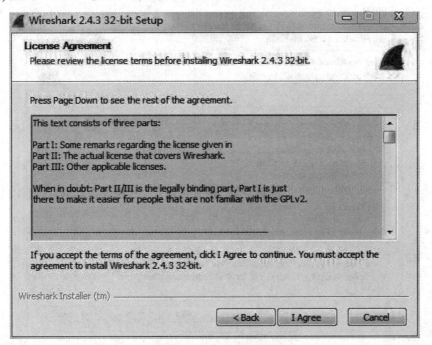

图 1-1-27　许可认证

(4) 点击"I Agree"按钮，弹出如图 1-1-28 所示对话框，使用默认勾选选项即可。

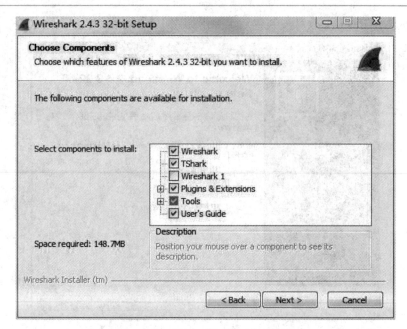

图 1-1-28　选择工具

(5) 点击"Next"按钮，弹出如图 1-1-29 所示对话框，勾选"Wireshark Desktop Icon"复选框即可。

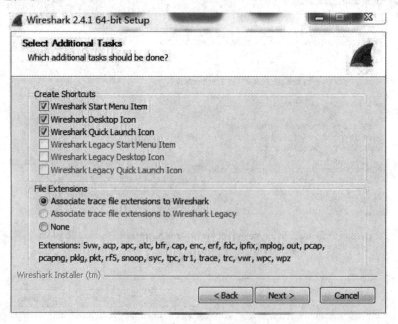

图 1-1-29　选择附加任务

(6) 点击"Next"按钮，弹出如图 1-1-30 所示对话框，选择合适的安装路径 (必

须纯英文路径)。

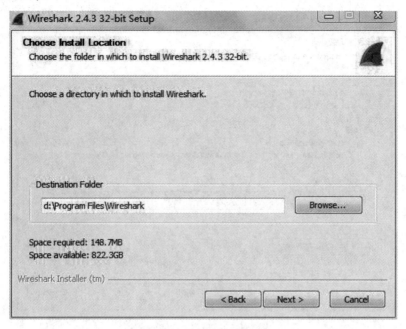

图 1-1-30　选择安装路径

(7) 点击"Next"按钮，弹出如图 1-1-31 所示对话框，勾选"Install WinPcap 4.1.3"选项。

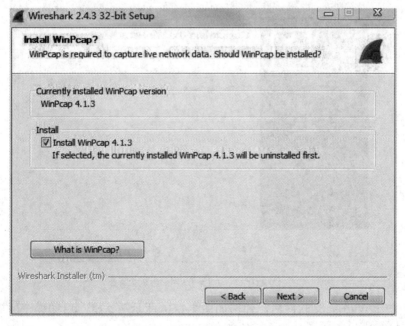

图 1-1-31　安装 WinPcap

(8) 点击"Next"按钮，弹出如图 1-1-32 所示对话框，使用默认勾选选项即可。

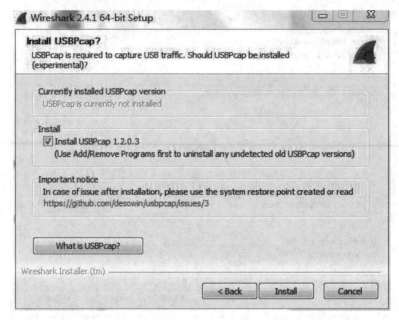

图 1-1-32　安装 USBPcap

(9) 点击"Install"按钮，等待安装，安装完成后弹出如图 1-1-33 所示对话框，点击"Finish"按钮，即可使用软件。

图 1-1-33　完成 WinPcap 安装

(10) 点开 Wireshark 软件后，弹出如图 1-1-34 所示对话框，启动程序后提示是否更新，暂时不进行更新，双击点开软件，展示界面。

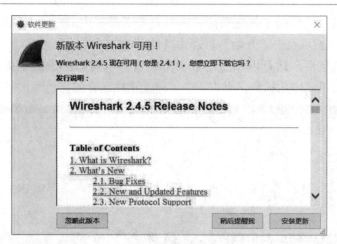

图 1-1-34　安装完成

通过以上的步骤，Wireshark 软件就安装成功了。

4. Wireshark 软件的使用方法

Wireshark 软件安装成功后，可以尝试抓取本机电脑中所有经过网卡的数据包，如果是台式电脑通过网线上网，点击本地连接或者以太网，如果是笔记本电脑通过 Wi-Fi 上网，则点击无线网络进行数据抓包。

(1) 软件安装完成启动软件后，界面如图 1-1-35 所示。在图中左侧"抓包"列表中显示"接口列表"和"抓包参数"等信息。

图 1-1-35　Wireshark 启动界面

(2) 如果要抓包，需要选择抓包的网卡接口 (图 1-1-35 中标注"抓包网卡选择"

处），双击该接口便启动了抓包功能；或者点击工具栏中最左侧的"抓包"按钮 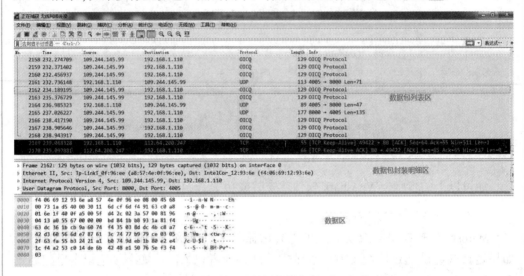，选择抓包接口，然后点击"开始"后开始抓包。

(3) 开启抓包后，运行网络应用便会把经过网卡接口的数据包捕获下来，如图 1-1-36 所示，如果要停止抓包，点击图中"停止正在运行的抓包"按钮 ■。

图 1-1-36　数据包抓取界面

(4) 图 1-1-36 中，抓取的数据分三个区显示，抓取的每一个数据罗列在数据包列表区，点击数据包列表区的一条数据，其详细信息显示在数据包封装明细区，数据包封装明细区显示的是数据包的组成结构，数据包的二进制数据显示在数据区。

(5) 如果抓取的数据包过多，则采用过滤的方式筛选出想要的数据，如图 1-1-37 所示，在过滤栏中输入过滤的字段，点击"应用"便可实现数据包的过滤。

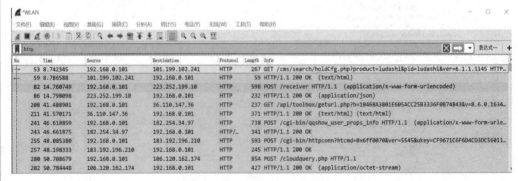

图 1-1-37　HTTP 数据包过滤

(6) 按上述步骤指导，打开 Wireshark 软件后选中本机上网使用的网卡后，双击该网卡或者点击 按钮开始抓包，开启上网浏览器，在地址输入栏中输入 www.sina.com

后回车，浏览器弹出新浪首页后，点击■按钮停止抓包，点击左上角的"文件"选项，再点击"另存为…"选项将数据包保存在本机。如图 1-1-38 所示，在 Wireshark 软件过滤栏中输入"ip contains sina"，将本次实验的目的 MAC 地址、源 MAC 地址、目的 IP 地址、源 IP 地址、目的端口号、源端口号记录在实验记录文档后和数据包一起上传 (MAC 地址、IP 地址、端口号中 src 代表源，dst 代表目的)。

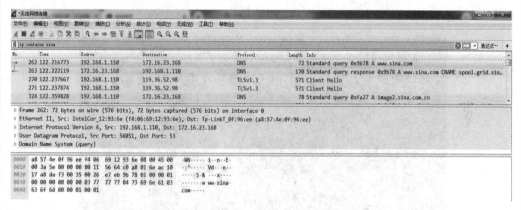

图 1-1-38　sina 数据包过滤

(7) 点击软件界面的"文件"→"另存为…"选项，在弹出的对话框中选择合适路径并编写合适的包名 (如 sina_scan)，保存类型选择 pcap 类型，如图 1-1-39 所示。

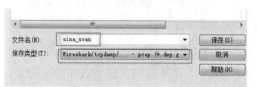

图 1-1-39　数据包保存

以上步骤为捕获一次用户浏览新浪网页的数据包，内容包括哪位用户 (源 IP、源 MAC 地址) 在什么时候访问了什么网站 (服务器 IP、服务器 MAC 地址)。

 任务实施 2

网络命令体验

网络运行维护人员在网络搭建之初需要根据网络需求在 eNSP 软件上设计网络拓扑结构，需要掌握常用网络测试命令，学习网络故障排除的方法，并对运行结果进行分析，才能够加深对网络层协议的理解。常用的网络测试命令如下：

1. ipconfig 命令

ipconfig 是调试计算机网络的常用命令，通常使用它显示网络适配器的物理地址、IP 地址、子网掩码以及默认网关，还可以查看主机的相关信息，如主机名、DNS 服务器、

DHCP 服务器等。在 CMD 命令行模式下输入"ipconfig /？"可以显示 ipconfig 的格式和参数说明。

(1) 显示网络配置的详细信息。

命令格式：ipconfig /all，可以显示网络适配器完整的 TCP/IP 配置信息。如图 1-1-40 所示，可知该网卡 MAC 地址为 _____，IP 地址为 _____，DNS 服务器地址为 _____。

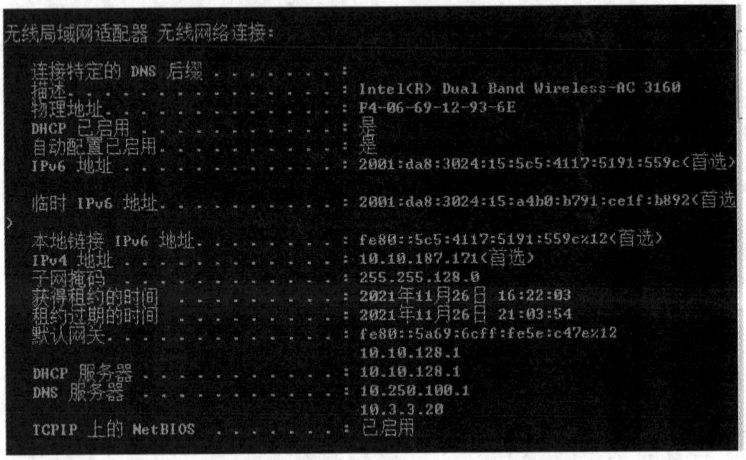

图 1-1-40　ipconfig 展示网络信息

(2) 备份网络设置。

命令格式：ipconfig /batch bak-netcfg

说明：将有关网络配置的信息备份到文件 bak-netcfg 中。

(3) 为网卡动态分配新地址。

命令格式：ipconfig /release

说明：去除网卡 (适配器 1) 的动态 IP 地址。

命令格式：ipconfig /renew

说明：为网卡重新动态分配 IP 地址。

2. ping 命令

利用 ping 命令测试网络连通性。

主要功能：用来测试一帧数据从一台主机传输到另一台主机所需的时间，从而判断响应时间。

(1) 图 1-1-41 是使用 ping 命令测试可达性返回的信息。总共返回了 _____ 个测试数据包，其中字节 =32 表示测试中发送的数据包大小是 _____ 字节；时间 =13 ms 表示 _____；TTL=55 表示 _____，其中系统默认值为 _____。

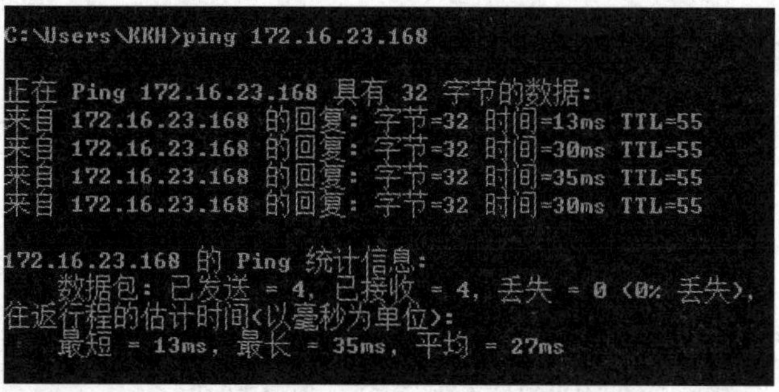

图 1-1-41 ping 命令的使用

(2) 对于路由器或其他网络设备，ping 命令测试会返回不同的标志符，这些标志符代表不同的含义。借助互联网，将 ping 命令测试返回的信息含义填写到表 1-1-2 中。

表 1-1-2 ping 命令测试返回的信息含义

返回信息	信 息 含 义
! (叹号)	
. (点)	
U	
Q	
M	
? (问号)	
&	
Bad IP address	
Unknown host	

(3) 完整的 ping 命令形式为"ping ［选项］ 目的 IP 地址"，具体使用方法可以通过输入"ping /？"进行查看。请填写表 1-1-3 中 ping 命令选项的含义。

表 1-1-3 ping 命令选项

选项	选 项 含 义
-t	
-a	
-n Count	
-l Size	
-f	
-i TTL	
-w Timeout	

3. tracert 命令

tracert 命令可以显示出由执行程序的主机到达特定主机之前历经多少路由器，确定数据包为到达目的地所必须经过的有关路径，并指明哪个路由器在浪费时间。

tracert 命令的原理就是发送一份（实际是连发三份，以确保对方收到）TTL 字段值为 _____ 的 IP 数据报给目的主机。处理这份数据报的第一个路由器将 TTL 值 _____，丢弃该数据报，并发回一份超时 _____ 报文。这样就得到了该路径中的第一个路由器的地址。然后 tracert 程序发送一份 TTL 值为 _____ 的数据报，这样就可以得到第二个路由器的地址，继续这个过程直至该数据报到达目的主机。

tracert 命令具体用法是在命令行里输入"tracert 目标主机地址"即可，如图 1-1-42 所示。

图 1-1-42　tracert 命令的使用

4. nslookup 命令

(1) 非交互式在 CMD 命令行模式下直接输入 nslookup 格式命令，返回对应的数据，其命令格式为：

> nslookup [- 选项] 查询的域名 [DNS 服务器地址]

如查询百度的 IP 地址，可直接输入 nslookup www.baidu.com，如图 1-1-43 所示。

图 1-1-43　nslookup 命令的使用

以上结果显示，正在工作的域名服务器为 _____，对应 IP 地址为 _____。解析的地址 _____ 和 _____ 为 www.baidu.com 的 IP 地址。

(2) 交互式仅仅在命令行中输入 nslookup，随即进入 nslookup 的交互命令行。在命令提示符下输入 help 或? 可查看详细命令格式及使用方法。按 Ctrl + C 键中断交互命令。

5. netstat 命令

netstat 命令用于显示计算机网络相关信息,如网络连接、路由表、接口状态、masquerade 连接、多播成员等。请填写表 1-1-4 中 netstat 命令常见参数的含义。

表 1-1-4 netstat 命令选项

选项	选 项 含 义
-a	
-t	
-u	
-n	
-l	
-p	
-r	
-e	
-s	

同学们可以借助以上网络命令,了解或分析简单网络故障案例。

故障 1:IP 地址冲突

【故障现象】最近计算机经常提示"系统检测到 IP 地址冲突,此系统的网络操作可能会突然中断",然后就掉线一分钟左右又恢复网络连接。这是什么原因,该如何解决?

【故障分析】在局域网中,电脑、手机等设备的 IP 地址都是由路由器自动分配的,当出现两台或者两台以上的设备配置了相同的 IP 地址,并且子网掩码也一样时,就会发生 IP 地址冲突的情况。当然,不排除手动设置了一个已经在局域网内使用的 IP 地址的情况。

【故障解决】可先尝试重启电脑,重启后查看电脑能否获得一个新的 IP 地址,如果没有或者后来又出现 IP 地址冲突,可以手动修改电脑的 IP 地址,使用"ipconfig/all"命令,即可查看计算机的 IP 地址。打开"网络和共享中心"→"更改设配器设置",右键点击"WLAN"或"以太网"(本地连接),选择"属性",双击"Internet 协议(TCP/IPv4)"修改本地的 IP 地址。

故障 2:终端无法连接到互联网

【故障现象】今天上班打开电脑,发现电脑无法打开百度,且无法登录 QQ,这是什么原因,该如何解决?

【故障分析】出现这类问题,一般是硬件或者软件的问题,硬件问题包括网线、水晶头等接触问题,软件问题包括终端的 TCP/IP 协议簇的配置情况。

【故障解决】查看网线水晶头处是否闪绿灯，如果绿灯不亮，可以重新制作网线水晶头测试联通情况；如果绿灯快闪，则表明 TCP/IP 协议簇的配置有问题，用 ping 命令来检验一下网卡能否正常工作。在命令中，输入 ping 127.0.0.1，其中 127.0.0.1 是本地循环地址，如果该地址无法联通，则表明本机 TCP/IP 协议不能正常工作；如果联通了该地址，证明 TCP/IP 协议正常，说明软件配置无故障。

 知识拓展

全光网络技术

全光网 (All Optical Network，AON) 是指用光结点取代现有网络的电结点，并用光纤将光结点互联成网，利用光波完成信号的传输、交换等功能。它克服了现有网络在传送和交换时的瓶颈，减少了信息传输的拥塞，提高了网络的吞吐量。随着信息技术的发展，全光网络已经引起了人们的极大兴趣，世界上一些发达国家都在对全光网络的关键技术、设备、部件、器件和材料进行研究，并加速推进其产业化和应用的进程。ITU-T 也在抓紧研究有关全光网络的建议，全光网络已被认为是未来通信网向宽带、大容量发展的首选方案。

 课程小结

本任务介绍了计算机网络的形成与发展，从最初的面向单机的网络互联模式，再到多区域网络主机互联、体系结构标准化网络，最后到互联网的普及应用。计算机网络是指将分布在不同地理位置上的具有独立功能的多个计算机系统，通过通信设备和通信线路相互连接起来，在网络软件的管理下实现数据传输和资源共享的系统。也就是说，计算机网络是一个互联自治的计算机集合。计算机网络由硬件和软件组成，从逻辑上可以分为资源子网和通信子网。它的分类方式很多，可以按照覆盖的地址范围分类、网络的拓扑结构分类以及传输介质分类。任务实施中，介绍了eNSP 软件和 Wireshark 软件的安装与使用，并且对简单网络故障案例进行了分析。

一、选择题

1. (单选题) 通信系统必须具备的三个基本要素是 (   )。

A. 终端、电缆、计算机

B. 信源、通信媒介、信宿

C. 信号发生器、通信线路、信号接收设备

D. 终端、通信设施、接收设备

2.(单选题)计算机网络可以分为局域网、城域网和广域网,这是按照( )方式划分计算机网络的。

A. 不同类型　　　　　　　　B. 管理方式

C. 传输方式　　　　　　　　D. 地理范围

3.(单选题)在计算机网络中,( )是由网络中的各种通信设备及只用作信息交换的计算机构成的。

A. 通信子网　　　　　　　　B. 资源子网

C. 局域网　　　　　　　　　D. 广域网

4.(单选题)( )网络拓扑结构适用于光纤传输系统中。

A. 环型　　　　　　　　　　B. 总线型

C. 星型　　　　　　　　　　D. 网状

5.(多选题)eNSP是一款由华为提供的、可扩展的、图形化操作的网络仿真工具平台,主要对企业网络( )设备进行软件仿真,完美呈现真实设备实景。

A. 交换机　　　　　　　　　B. 路由器

C. 防火墙　　　　　　　　　D. 无线设备

二、简答题

1. 什么是计算机网络?

2. 计算机网络的发展可分为哪几个阶段?各阶段的特点是什么?

3. 计算机网络系统的拓扑结构有哪些?它们各有什么优缺点?

4. 资源子网与通信子网分别由哪些主要部分组成?其主要功能是什么?

评 价 反 馈

根据课堂学习情况和本任务知识点,进行评价打分,如表1-1-5所示。

表1-1-5 评 价 表

项目	评分标准	分值	得分
接收任务	明确工作任务	5	
信息收集	掌握工作中常用软件的操作要点	15	
制订计划	工作计划合理可行,人员分工明确	10	
计划实施	eNSP拓扑图绘制:选择正确的连接线,选择正确的端口	20	
	能够运用网络测试命令ping、config、tracert测试网络的属性	40	
质量检查	按照要求完成相应任务	5	
评价反馈	经验总结到位,合理评价	5	

任务 1.2 网络体系结构与网络协议

姓名:	班级:	学号:	日期:

 教学目标

1. 能力目标

能够根据 Wireshark 网络协议分析软件抓取网络数据流量的情况，并运用 TCP/IP 参考模型对应用或站点请求进行分析，进一步研判用户上网行为。

2. 知识目标

了解协议、层次、接口与网络体系结构的基本概念；理解 OSI 参考模型及各层的服务功能；理解 TCP/IP 参考模型的层次划分、各层的服务功能及主要协议。

3. 素质目标

具有网络体系结构的层次化研究的思维方法，能根据 Wireshark 软件的抓包结果分析网络应用的数据流向。

4. 思政目标

具有网络体系结构求同存异的智慧。

 任务下发

采用 Wireshark 软件学习网络协议的相关知识，检测网络连接，检查资讯安全相关问题，并结合 TCP/IP 参考模型对应用或站点请求进行分析，进一步研判用户上网行为。用户登录一次腾讯 QQ，用 Wireshark 软件分析客户端（用户）与服务器（腾讯 QQ）的交互流程，并绘制数据封装与解封装的流程。其中数据封装为应用层、传输层、网络层、数据链路层直至物理层的数据累加过程，数据解封装为物理层、数据链路层、网络层、传输层直至应用层的数据剥离过程。

⚖ **素质小课堂**

网络起源于高校、科研院所、企业，起初各个机构设计的网络雏形结构不尽相同。虽然各机构内部的站点之间能够相互通信，但各机构网络由于结构不同、设备不同导致不能互通。OSI/RM 和 TCP/IP 分别作为计算机网络体系结构的理论指导和事实的应用模型，运用了求同存异的理念，完美地解决了此难题。

OSI/RM 和 TCP/IP 在追求和谐、包容、兼容并蓄、理解差异的基础上，定义了统一的规范和标准，既追求了通信范围内的共同点，又尊重各个厂商与机构的创新与不同。求同存异是在生活中解决问题的一大法宝。大到国与国之间复杂的政治、经济、外交等问题，可以通过搁置争议、避免分歧、寻求利益共同点，达到互惠互利、共同发展的目的；小到人与人之间的日常小事，如果能够尊重并理解别人的不同，寻找共同、共通之处，就可以实现共赢。

同学们在处理个人与社会的关系时，如果能够灵活运用求同存异的智慧，就能够享受到更多的获得感与幸福感。

 知识准备

知识点1　网络体系结构概述

1. 网络协议

随着计算机技术和网络技术的飞速发展，计算机网络系统的功能不断加强、规模与应用不断扩大，面对越来越复杂的计算机网络系统，必须采用网络体系结构的方法来描述网络系统的组织、结构和功能，将网络系统的功能模块化、接口标准化，使网络具有更大的灵活性，进而简化网络系统的建设、扩大和改造工作，提高网络系统的性能。

世界上第一个网络体系结构是 IBM 公司于 1974 年提出的 SNA 网络。在此之后，许多公司提出了各自的网络体系结构。这些网络体系结构的共同之处在于它们都采用了分层结构，但其层次的划分、功能的分配与采用的技术术语均不相同。随着信息技术的发展，异种计算机系统互联成为人们迫切需要解决的问题。网络体系结构的概念就是在这种环境下应运而生的。如图 1-2-1 所示，用户 A 与用户 B 用不同的语言交流无法实现通信，而在协议的统一下，用相同的语言则可以通信。

图1-2-1　网络协议与语言

1）网络协议的定义

计算机网络是由多个互联的节点组成的，节点之间需要不断地交换数据与控制信息。如图

1-2-2 所示，为了让节点间交换信息时做到有条不紊，必须对节点先做一些约定规则。一个协议就是一组控制数据通信的规则。网络协议 (network protocol) 是指为进行网络中的数据交换而建立的规则、标准或约定。

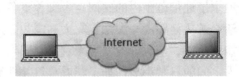

图 1-2-2　网络协议的作用

一个网络协议包括语法、语义和时序三个要素。

(1) 语法：指数据与控制信息的结构或格式，确定通信时采用的数据格式、编码及信号电平等。

(2) 语义：由通信过程的说明构成，它规定了需要发出何种控制信息完成何种动作以及做出何种应答，对发布请求、执行动作以及返回应答予以解释，并确定用于协调和差错处理的控制信息。

(3) 时序：对事件实现顺序的详细说明，指出事件的顺序以及速度匹配。

人们形象地将它们描述为：语法——表示怎么讲？语义——表示讲什么？时序——表示何时讲？

2) 网络协议的特点

网络协议的特点如下：

(1) 网络体系结构是层次化的，网络协议也被分为多个层次，在每个层次内又可分为若干子层次，层次化结构可以简化网络，提高网络的安全性。

(2) 只有当网络协议有效时，才能实现系统内各种资源共享。如果网络协议不可靠就会造成通信混乱和中断。

(3) 在设计和选择协议时，不仅要考虑网络系统的拓扑结构、信息的传输量、所采用的传输技术、数据存取方式，还要考虑其效率、价格和适应性等问题。

2. 网络体系结构的基本概念

网络体系就是为了完成计算机间的通信合作，把每个计算机互联的功能划分成有明确意义的层次，规定了同层次进程通信的协议及相邻层之间的接口及服务。这些层次进程通信的协议以及相邻层之间的接口统称为网络体系结构。

1) 协议

协议 (protocol) 是指一种通信规约。为了保证计算机网络中大量计算机之间有条不紊地交换数据，就必须制定一系列的通信协议。

2) 层次

层次 (layer) 是人们对复杂问题处理的基本方法。其解决方法是：将总体要实现的很多功能分配在不同的层次中，每个层次要完成的及实现的过程有明确规定；不同的系统被分成相同的层次；不同系统的同等层具有相同的功能；高层使用低层提供的服务时，并不需要知道低层服务的具体办法。层次结构对复杂问题采取"分而治之"的模块化方法，可以大大降低复杂问题处理的难度。

3) 接口

接口 (interface) 是指同一节点内相邻层之间交换信息的连接点。同一节点的相邻层之间有明确规定的接口，低层向高层通过接口提供服务。只要接口不变，低层功能不变，低层功能的具体实现方法就不会影响整个系统的工作。

4) 体系结构

网络体系结构 (network architecture) 是对计算机网络应该实现的功能进行精确的定义，完成这些功能所用的硬件与软件则是具体的实现问题。体系结构是抽象的，而实现是具体的，是指能够运行的一些硬件和软件。通常把网络层次结构模型与各层次协议的集合定义为计算机网络体系结构，即体系结构。

3. 网络体系结构的分层原理

为了实现计算机之间的通信并减少协议设计的复杂性，大多数网络采用分层结构来进行组织。在划分层次结构时，通常应遵守以下原则：

(1) 每一个功能层都有自己的通信协议规范，这些协议有着相对的独立性，其自身的修改不会影响其他层次的协议。需要注意的是，第一，层间接口必须清晰，上下层之间有接口协议规范，跨越接口的信息量应尽可能地少；第二，两个主机建立在同等层之间的通信会话，应有同样的协议规范；第三，N 层通过接口向 $N-1$ 层提出服务请求，而 $N-1$ 层则通过接口向 N 层提供服务。

(2) 层数应适中。若层数太少，就会使每一层的协议过于复杂；若层数太多，又会在描述和综合各层功能的系统工程任务时遇到较多的困难。

(3) 层次划分一般为四到七层。

如图 1-2-3 所示，在分层结构中，N 层是 $N-1$ 层的用户，也是 $N+1$ 层服务的提供者。分层结构的好处如下：

① 独立性强：高层并不需要知道低层是如何实现的，而仅需要知道该层通过层间接口所提供的服务。

② 灵活性好：当任何一层发生变化时，只要层间接口保持不变，则其他各层均不受影响。此外，当某一层提供的服务不再需要时，甚至可以将该层取消。

③ 各层都可采用最合适的技术来实现，各层实现技术的改变不影响其他层。

④ 易于实现和维护：整个系统分解为若干个易处理的部分，使得一个庞大而复杂的系统实现和维护变得容易控制。

⑤ 有利于促进标准化：这主要是因为每层的功能与所提供的服务已有明确的说明。

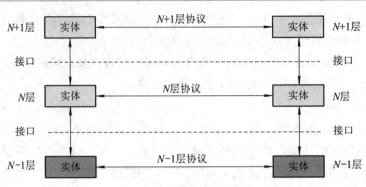

图 1-2-3　网络协议的分层

所谓通信协议，是指为了保证通信双方能正确而自动地进行数据通信制定的一整套约定。约定包括对数据格式、同步方式、传送速度、传送步骤、检纠错方式以及控制字符定义等问题做出统一规定，通信双方必须共同遵守。因此，通信协议也叫作通信控制规程，或称传输控制规程，它属于 OSI 七层参考模型中的数据链路层。

知识点2　OSI参考模型

1. OSI 参考模型概述

ISO 成立于 1947 年，是世界上最大的国际标准化组织。其宗旨是促进世界范围内的标准化工作，以便于国家间的物资、科学、技术和经济方面的合作与交流。

随着网络技术的进步和各种网络产品的涌现，不同的网络产品和网络系统互联问题摆在了人们的面前。1977 年，ISO 专门成立了一个委员会。

1) OSI 参考模型的提出

1974 年，ISO 发布了著名的 ISO/IEC7498 标准，它定义了网络互联的七层框架，即开放系统互联参考模型 OSI/RM。在 OSI 框架下，进一步详细规定了每一层的功能，以实现开放系统环境中的互联性、互操作性和应用的可移植性。

2) OSI 参考模型的概念

在 OSI 中，所谓"开放"，是指只要遵循 OSI 标准，系统就可以与位于世界上任何地方、同样遵守标准的其他任何系统进行通信。在 OSI 标准的制定过程中，采用的方法是将整个庞大而复杂的问题划分为若干个容易处理的小问题。

OSI/RM 并没有提供一个可以实现的方法，只是描述了一些概念，用来协调进程间通信标准的规定。

2. OSI 参考模型的结构

ISO 组织将整个网络的通信功能划分为七个层次，并规定了每层的功能以及不同层次之间如何协作完成网络通信。OSI 的七层协议由低层到高层的次序分别为：物理层、数据链路层、网络层、传输层、会话层、表示层和应用层，如图 1-2-4 所示。划分层次的主要原则如下：

(1) 网络中各节点都有相同的层次；

(2) 不同节点的同等层具有相同的功能；

(3) 同一节点内相邻层间通过接口通信；

(4) 每一层可以使用下一层提供的服务，并向上层提供服务；

(5) 不同节点的同等层通过协议来实现对等层之间的通信。

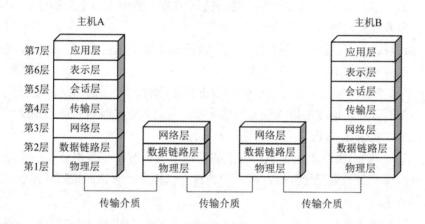

图 1-2-4　OSI 参考模型的结构

3. OSI 参考模型的各层功能

1) 物理层

在 OSI 参考模型中，物理层 (physical layer) 是 OSI 参考模型的最底层，其目的是提供网内两系统间的物理接口并实现它们之间的物理连接。物理层的主要功能是：为通信的网络节点之间建立、管理和释放数据电路的物理连接，并确保在通信信道上传输可识别的透明比特流信号和时钟信号；为数据链路层提供数据传输服务。物理层的其他功能还有数据的编码、调制技术和通信接口标准。

2) 数据链路层

在 OSI 参考模型中，数据链路层 (data link layer) 是 OSI 参考模型的第二层。其目的是屏蔽物理层特征，面向网络层提供几乎无差错、高可靠传输的数据链路，确保数据通信的正确性。数据链路层的主要功能是：数据链路的建立与释放，数据链路服务单元的定界、同步、定址、差错控制顺序和流量控制以及数据链路层管理。

　　数据链路层中需要解决如下两个问题:

　　(1) 数据传输管理,包括信息传输格式、差错检测与恢复、收发之间的双工传输争用信道等;

　　(2) 流量控制,协调主机与通信设备之间数据传输的匹配。

　　数据链路层协议可分为两类:面向字符的通信规程和面向比特的通信规程。高级数据链路控制规程 HDLC 是典型的面向比特的通信规程。

　　数据链路层的具体功能如下:

　　(1) 成帧:数据链路层要将网络层传来的数据分成可以管理和控制的数据单元,称为帧 (frame)。因此,数据链路层的数据传输是以帧为数据单位的。

　　(2) 物理地址寻址:数据帧在不同的网络中传输时,需要标识出发送数据帧和接收数据帧的节点。因此,数据链路层要在数据帧的头部加入一个控制信息 (DH),其中包含了源节点和目的节点的地址。

　　(3) 流量控制:数据链路层对发送数据帧的速率必须进行控制,如果发送的数据帧太多,就会使目的节点来不及处理而造成数据丢失。

　　(4) 差错控制:为了保证物理层传输数据的可靠性,数据链路层需要在数据帧中使用一些控制方法,检测出错或重复的数据帧,并对错误的帧进行纠错或重发。数据帧中的尾部控制信息 (DT) 就是用来进行差错控制的。

　　(5) 接入控制:当两个或更多的节点共享通信链路时,由数据链路层确定在某一时间内该由哪一个节点发送数据。接入控制技术也称为介质访问控制技术。

　　3) 网络层

　　在 OSI 参考模型中,网络层 (network layer) 是 OSI 参考模型的第三层。网络层最重要的功能是通过路由选择算法为分组选择最适当的路径,网络层的数据传输单元是分组 (packet)。网络层主要功能如下:

　　(1) 逻辑地址寻址:数据链路层的物理地址只解决了在同一网络内部的寻址问题,而当一个数据包要从一个网络传送到另一个网络时,就需要使用网络层的逻辑寻址。当传输层传递给网络层一个数据包时,网络层就在这个数据包的头部加入控制信息,其中就包含了源节点和目的节点的逻辑地址。

　　(2) 路由功能:在网络层中选择一条合适的传输路径将数据从源节点传送到目的节点是至关重要的,尤其是当源节点到目的节点有多条路径时,就存在选择最佳路径的问题。路由选择是指根据一定的原则和算法在传输通路中选出一条通向目的节点的最佳路径。

　　(3) 流量控制:尽管在数据链路层和网络层中都有流量控制问题,但是它们两者不相同。数据链路层中的流量控制是在两个相邻节点间进行的,而网络层中的流量控制是在源节点到目的节点过程中进行的。

　　(4) 拥塞控制:在通信子网中,由于出现过量的数据包而引起网络性能下降的现象称为拥塞。拥塞控制的目的主要是解决如何获取网络中发生拥塞的信息,从而利用这些信息进行控制,避免由于拥塞出现数据包丢失。

4) 传输层

在 OSI 参考模型中,传输层 (transport layer) 是 OSI 参考模型的第四层。传输层的主要功能是向用户提供可靠的端到端 (end-to-end) 服务。传输层向高层屏蔽了下层数据通信的细节,因此,它是计算机通信体系结构中关键的一层。

传输层是资源子网与通信子网的接口和桥梁。传输层下面的网络层、数据链路层和物理层都属于通信子网,可完成通信处理功能,向传输层提供网络服务;而其上的会话层、表示层和应用层都属于资源子网,完成数据处理功能。传输层在这里起承上启下的作用,是整个网络体系结构中的关键部分。

传输层在网络层提供服务的基础上为高层提供两种基本的服务:面向连接的服务和面向无连接的服务。

5) 会话层

在 OSI 参考模型中,会话层 (session layer) 是 OSI 参考模型的第五层。它是利用传输层提供的端到端的服务向表示层或会话用户提供会话服务。会话层的主要功能是:负责维护两个节点之间的会话连接的建立、管理和终止,以及数据的交换。所谓一次会话,就是指两个用户进程之间进行一次完整通信的过程,包括建立、维护和结束会话连接。平时下载文件时使用的"断点续传"就是工作在会话层的。

6) 表示层

在 OSI 参考模型中,表示层 (presentation layer) 是 OSI 参考模型的第六层。表示层的主要功能是:用于处理在两个通信系统中交换信息的表示方式,主要包括数据格式变换、数据加密与解密、数据压缩与恢复等功能。

7) 应用层

在 OSI 参考模型中,应用层 (application layer) 是 OSI 参考模型的第七层,为最高层,是直接面向用户的一层,是计算机网络与最终用户间的界面。从功能划分看,OSI 的下面 6 层协议解决了支持网络服务功能所需的通信和表示问题。应用层的主要功能是:为应用程序提供网络服务。应用层需要识别并保证通信对方的可用性,提供应用程序之间的同步、错误纠正和数据完整性保证的功能。

在 OSI 参考模型中,通信是在系统实体之间进行的。除了物理层外,通信实体的对等层之间只有逻辑上的通信,并无直接的通信,较高层的通信要使用较低层提供的服务。在物理层以上,每个协议实体顺序向下送到较低层,以便使数据最终通过物理信道传到它的对等层实体。

图 1-2-5 描述了数据在 OSI 参考模型中的流动过程。如网络用户 A 向网络用户 B 传送文件,则传输过程如下:

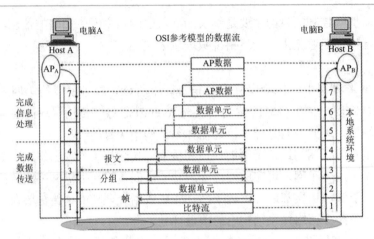

图 1-2-5　OSI 环境中的数据流

(1) 当应用进程 A 的数据传送到应用层时，应用层数据加上本层控制报头组成应用层的数据服务单元，然后再传输到表示层。

(2) 表示层将应用层传输来的数据单元加上本层的控制报头，组成表示层的数据服务单元，再传输给会话层。依此类推，数据传送到传输层。

(3) 传输层将会话层传送来的数据单元加上本层的控制报头，组成传输层的数据服务单元，即通常所说的报文 (message)，然后再传送到网络层。

(4) 网络层将传输层传送来的报文进行分组。因为网络数据单元的长度有限，而且传输层的报文较长，为了更方便地传输，必须将报文分成多个较短的数据段，每段前加上网络层的控制报头，形成网络层的数据服务单元，然后再传送到数据链路层。

(5) 数据链路层将网络层传送来的数据单元加上数据链路层的控制信息，组成数据链路层的数据服务单元，它被称为帧，然后再传送到物理层。

(6) 物理层将数据链路层传送来的数据单元以比特流的方式通过传输介质传输出去。当比特流到达目的节点计算机 B 后，再从物理层依次上传。在传输过程中，每层对各层的控制报头进行处理，处理完后将数据上传其上层，最后将进程 A 的数据传送给计算机 B 的进程。

尽管应用进程 A 的数据在 OSI 环境中经过复杂的处理过程才能送到另一台计算机的应用进程 B，但对于每台计算机的应用进程来说，OSI 环境中数据流的复杂处理过程是透明的。应用进程 A 的数据好像是"直接"传送给应用进程 B，这就是开放系统在网络通信过程中最本质的作用。

4. OSI 参考模型的封装与解封装

计算机利用协议进行相互通信。根据设计准则，网络中两个不同设备进行通信时，同等层次是通过附加该层的信息头来进行相互通信的。正如写信时要在信纸外面套上信封并填写地址、邮编等信息后收件人才能收到信件，数据在发送过程时必须按照一定的格式在数据前面加上头部，仅有数据本身是无法在复杂的网络中通行的。数据头部一般包括发送方和接收方信息，并且由于应用层的数据量往往比较大(如一个文件、视频等)，因此要将发送的数据分为若干个数据块，再加上数据头部生成若干个数据包发送，这样生成的数据包便于在网络中传送，即便出现丢失或出错的情况也不需要全部重传。

一次数据通信过程是指在通信两端完成数据封装与解封装的过程。在发送端，数据经过每一层时加上相应层的信息头部完成数据封装；在接收端，数据经过每一层时去掉所加的信息头部完成数据解封装。

在通信过程中，发送端从第七层应用层，经过表示层、会话层、传输层、网络层、数据链路层最终到物理层，由上至下传输数据，而接收端从第一层到第七层，由下至上向上层传输数据。在发送端，每个分层在处理由上一层传来的数据时可以附加上当前分层的协议所必需的首部信息(相当于该层中要包含的一些特征信息，就像信到了邮局需要盖邮戳一样)。在接收端，对收到的数据进行数据首部与内容的分离，再转发给上一层，最终将发送端的数据恢复为原状。在收发两端的通信过程中只有对等实体具有相同的功能。下面以发送微信聊天信息为例来详细介绍 OSI 参考模型的工作过程。假定微信用户 A 要向微信用户 B 发起聊天请求，内容为"你好"的文本信息。

1) 应用层数据处理方式

如图 1-2-6 所示，用户 A 在手机上将"你好"文本信息编辑好，点击微信发送按钮后就进入了应用层协议的处理过程，应用层在所要传输数据的前端附加一个首部(微信应用程序私有加密协议)信息，该首部表明了聊天内容、收信息人为用户B。用户 B 收到信息后，服务器分析其数据首部，当用户要读取微信文本信息时，将其送至相应的微信进程。这样用户 A 和用户 B 通过各自的应用层之间的交互实现了通信。

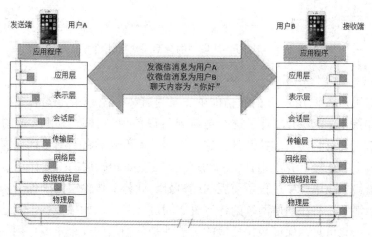

图 1-2-6　OSI 环境中的应用层数据处理方式

2) 表示层数据处理方式

应用软件的不同会导致数据的表现形式不同。如果用户 A 和用户 B 所使用的微信客户端版本完全一致,就能顺利读取聊天内容。如果两端软件编码方式不一样,就会导致收到的信息出现乱码。如果遇到这种情况,解决的方法就是利用表示层将数据从"计算机特定的数据格式"转换为"网络通用的标准数据格式"后再发送出去。接收端的表示层将这些标准格式的数据转换为自己能够识别的数据格式然后送到应用层。表示层之间为了识别编码格式也会附加首部信息,从而将实际传输数据交给下一层去处理。

3) 会话层数据处理方式

如图 1-2-7 所示,假如用户 A 要发 3 条消息给用户 B,则 3 条消息的顺序可以有很多种。既可以建立三次连接,将数据一条一条地发出,也可以建立一次连接,把 3 条消息发完。所以,会话层收到数据会附加首部或者标签信息,再转发给下一层,而这些首部或者标签中记录着数据传输顺序的信息。

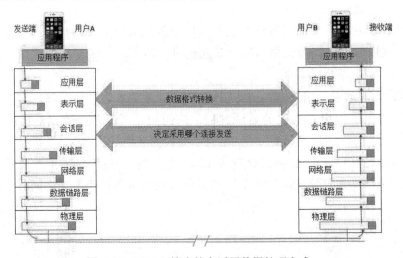

图 1-2-7 OSI 环境中的会话层数据处理方式

4) 传输层数据处理方式

为确保用户 A 与用户 B 的通信能够正常进行、不出差错,就需要在两端之间建立连接。如图 1-2-8 所示,有了这个连接就可以使用户 B 收到用户 A 的信息,在通信传输结束后,有必要将连接断开。建立连接和断开连接的处理 (连接属于在两个主机之间逻辑上的连接,并不指真正的物理连接) 就是传输层的主要作用,这个连接的建立主要依赖于应用程序进程所使用的端口号。此外,传输层为确保所传输的数据能够到达目标地址,将在通信两端的计算机之间进行确认,如果数据未到达,发送端将负责重发。由此可见,保证数据传输的可靠性是传输层的一个重要作用。

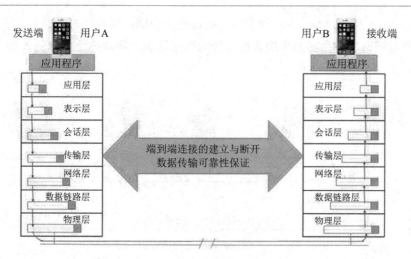

图 1-2-8　OSI 环境中的传输层数据处理方式

5) 网络层数据处理方式

网络层的作用是在网络与网络互联的环境中，将数据从发送端发送到接收端。在两端之间可能有着多条数据链路，选择最佳的路径到达接收端就是网络层的重要功能。

如图 1-2-9 所示，在实际发送数据过程中，网络层是依据目的地址来选择路径的，这个地址是全网中唯一指定的序号。可以想象成生活中的快递单号，只要目的地址确定了，网络层就可以快速地完成数据的转发。

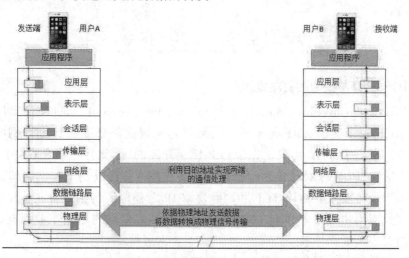

图 1-2-9　OSI 环境中的网络层数据处理方式

6) 数据链路层数据处理方式

如图 1-2-10 所示，主机 A 和主机 B 之间存在多个分段，数据链路层则是负责分段内数据的转发和处理。相互直连的设备之间使用物理地址进行传输，物理地址也称为 MAC 地址或硬件地址。采用物理地址的目的是识别连接到同一传输介质上的设备。因此，数据链路层中会将网络层传输过程的数据附加上物理地址信息的首部，将其发给物理层。

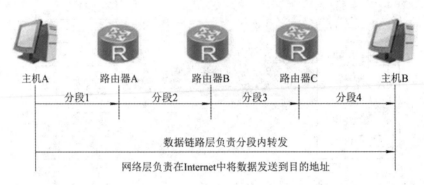

图 1-2-10　OSI 环境中的数据链路层数据处理方式

7) 物理层数据处理方式

通信传输实际上是通过物理的传输介质实现的，将数据 0、1 转换为电压和脉冲光传输给物理的传输介质。

总之，在网络中数据从发送端传输到接收端，是通过分层模型的数据封装和解封装实现的，每一层模型相互协助，缺一不可。

知识点3　TCP/IP参考模型

1. TCP/IP 参考模型的基本概念

TCP/IP(Transmission Control Protocol/Internet Protocol，即传输控制协议 / 网际协议)，起源于美国 ARPAnet 网，起初是为美国国防部高级计划局网络间的通信设计的。由于 TCP/IP 协议是先于 OSI 模型开发的，因此并不符合 OSI/RM 标准。但是现在的 TCP/IP 协议已成为一个完整的协议簇 (并已成为一种网络体系结构)。该协议簇除了传输控制协议 TCP 和网际协议 IP 之外，还包括多种其他协议，如管理性协议及应用协议等。目前 TCP/IP 协议已被认为是网络中的工业标准，互联网的标准协议。

TCP/IP 协议之所以非常受重视，有以下几个原因：

(1) Internet 采用 TCP/IP 协议，各类网络都要和 Internet 或借助于 Internet 相互连接。

(2) TCP/IP 已被公认为是异种计算机、异种网络彼此通信的可行协议，OSI/RM 虽然被公认为网络的发展方向，但目前尚难用于异种机和异种网间的通信。

(3) 各主要计算机软、硬件厂商的网络产品几乎都支持 TCP/IP 协议。

TCP/IP 协议具有以下几个特点：

(1) 开放的协议标准，可以免费使用，并且独立于特定的计算机硬件与操作系统；

(2) 统一的网络地址分配方案，使得整个 TCP/IP 设备在网络中都具有唯一的 IP 地址；

(3) 标准化的高层协议，可以提供多种可靠的用户服务。

2. TCP/IP 参考模型的体系结构

TCP/IP 协议也采用分层结构，与 OSI 参考模型相比，TCP/IP 协议的体系结构分为四个层次，如图 1-2-11 所示，从高到低依次是：应用层 (application layer)、传输层 (transport layer)、网络互联层 (internet layer)、网络接口层 (network interface layer)。

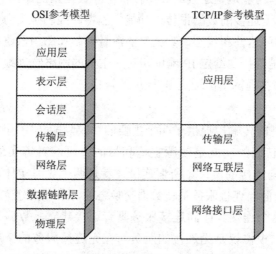

图 1-2-11　OSI 参考模型与 TCP/IP 参考模型

其中：TCP/IP 参考模型的应用层与 OSI 参考模型的应用层、表示层和会话层相对应；TCP/IP 参考模型的传输层与 OSI 参考模型的传输层对应；TCP/IP 参考模型的网络互联层与 OSI 参考模型的网络层对应；TCP/IP 参考模型的网络接口层与 OSI 参考模型的数据链路层和物理层相对应。

TCP/IP 参考模型的各层功能如下：

1) 网络接口层

在 TCP/IP 参考模型中，网络接口层是最底层，包括能使用 TCP/IP 与物理网络进行通信的协议，其作用是负责通过网络发送和接收数据报。网络接口层与 OSI 参考模型的数据链路层和物理层相对应。

2) 网络互联层

在 TCP/IP 参考模型中，网络互联层是 TCP/IP 参考模型的第二层，相当于 OSI 参考模型的网络层。网络互联层所执行的主要功能是处理来自传输层的分组，将源主机的报文分组发送到目的主机上，源主机与目的主机既可以在同一个网上，也可以在不同的网上。

网络互联层有四个典型的协议：网际协议 IP、因特网控制报文协议 ICMP、地址解析协议 ARP 和逆地址解析协议 RARP。网络互联层的主要功能是使主机可以把分组发往任何网络并使分组独立地传向目标 (可能经由不同的网络)。这些分组到达的顺序和发送的顺序可能不同，如果需要按顺序发送及接收，高层必须对分组排序。这就像一个人邮寄一封信，不管他准备邮寄到哪个国家，他仅需要把信投入邮箱，这封信最终会到达目的地。这封信可能会经过很多的国家，每个国家可能有不同的邮件投递规则，但这对用户是透明的，用户是不必知道这些投递规则的。另外，网络互联层的网际协议 IP 的基本功能是无连接的数据报传送和数据报的路由选择，即 IP 协议提供主机间不可靠的、无连接的数据报传送功能。因特网控制报文协议 ICMP 提供的服务有：测试目的地的可达性和状态，数据报的流量控制和路由器路由改变等。地址解析协议 ARP 的任务是查找与给定 IP 地址相对应主机的网络物理地址，而逆地址解析协议 RARP 主要解决物理网络地址到 IP 地址的转换。

3) 传输层

TCP/IP 参考模型的传输层提供了两个主要的协议，即传输控制协议 TCP 和用户数据报协议 UDP，它们的功能是使源主机和目的主机的对等实体之间可以进行会话。其中 TCP 是面向连接的协议。所谓连接，就是两个对等实体为了进行数据通信而进行的一种结合。面向连接服务是在数据交换之前，必须先建立连接，当数据交换结束后，则应终止这个连接。面向连接服务具有连接建立、数据传输和连接释放这三个阶段。用户数据报协议是无连接的服务。在无连接服务的情况下，两个实体之间的通信不需要先建立某个连接，因此其下层的有关资源不需要事先进行预定保留，这些资源将在数据传输时动态地进行分配。无连接服务的另一特征就是不需要通信的两个实体同时是活跃的 (即处于激活态)。无连接服务的优点是灵活方便，但无连接服务不能防止报文的丢失、重复或失序，无连接服务特别适合于传送少量零星的报文。

4) 应用层

在 TCP/IP 体系结构中并没有 OSI 参考模型中的会话层和表示层，TCP/IP 把它们都归结到应用层。所以，应用层包含所有的高层协议，并且总是不断增加新的协议。目前，应用层协议主要有以下几种：

(1) 远程登录协议 (Telnet)；

(2) 简单邮件传送协议 (Simple Mail Transfer Protocol，SMTP)；

(3) 域名系统 (Domain Name System，DNS)；

(4) 文件传输协议 (File Transfer Protocol，FTP)；

(5) 超文本传输协议 (Hyper Text Transfer Protocol，HTTP)；

(6) 简单网络管理协议 (Simple Network Management Protocol，SNMP)。

3. TCP/IP 参考模型的封装与解封装

接下来以腾讯 QQ 登录为例，解释客户端与腾讯 QQ 服务器之间的数据流程，并展示数据在不同实体之间的格式。(结合 Wireshark 软件抓取网络数据包分析，以下将 TCP/IP 协议簇进一步划分为应用层、传输层、网络层、数据链路层和物理层。)

1) 用户发送端数据封装过程

如图 1-2-12 所示，用户在本机输入 QQ 登录账号、密码，点击登录，腾讯 QQ 应用程序将数据交给应用层，应用层完成相应的处理 (如编码、加解密等) 后交给传输层；传输层 (UDP) 附加相应的协议首部后把数据提交给网络层；网络层将数据封装在一个报头内，该报头包含了完成这个传输所需要的信息，如源地址和目的地址，然后交给数据链路层；数据链路层把网络层信息封装在一个帧内，帧头包含了用来完成数据链路功能要求的信息，如物理地址；最后物理层把数据链路帧编码成能在介质中传输的 "1" 和 "0" 模式，如果是电缆等传输介质，则把数字信号翻译成高低电平，如果是光缆等传输介质，则把数字信号翻译成光信号。以上是传输 QQ 登录数据包的封装过程。

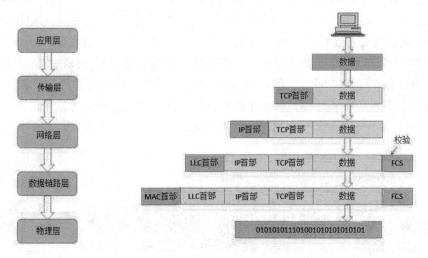

图 1-2-12 数据封装过程

2) 腾讯 QQ 服务器接收端数据解封装过程

如图 1-2-13 所示，腾讯 QQ 服务器接收到封装好的数据包，将其从 TCP/IP 体系结构的底层开始依次去掉每一层相应的首部，最后还原成不带任何层次首部和其他信息的数据 (QQ 登录的账号与密码) 返回给腾讯 QQ 服务器。服务器通过数据库查验账号与密码的正确性，如果验证成功，则 QQ 登录成功，否则登录失败。以上是腾讯 QQ 服务器对原始数据解封装的过程。

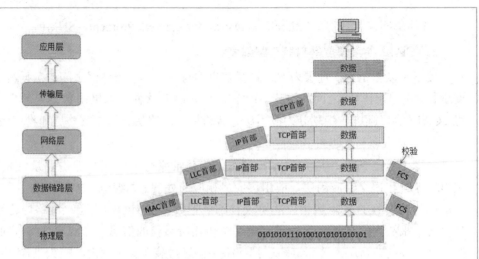

图 1-2-13　数据解封装过程

3) 数据包的整体结构

如图 1-2-14 所示，数据包经过发送端、接收端和中途转发的设备时，从前往后依次被附加了以太网包首部 (包括 LLC 首部和 MAC 首部)、IP 包首部、TCP 包 / UDP 包首部以及应用软件的包首部和数据，而包的最后则追加了以太网包尾 (ethernet trailer)。每个包首部至少包含两个信息：一个是发送端和接收端地址；另一个是上一层的协议类型。经过每个协议分层时，都必须有识别包发送端和接收端的信息。数据链路层用 MAC 地址，网络层用 IP 地址，而传输层则用端口号作为识别两端主机的地址。即使是在应用程序中，像电子邮件地址这样的信息也是一种地址信息。这些地址信息都在每个包经由各个分层时，附加到协议对应的包首部里。

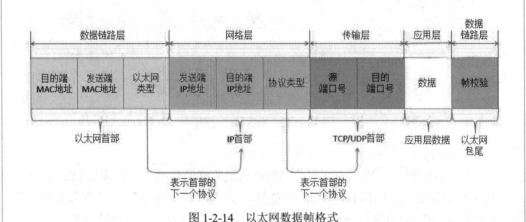

图 1-2-14　以太网数据帧格式

4) TCP/IP 中的主要协议

在 TCP/IP 的结构中包括 4 个层次，从下至上依次是网络接口层、网络互联层、传输层和应用层，TCP/IP 中各层的协议如图 1-2-15 所示。

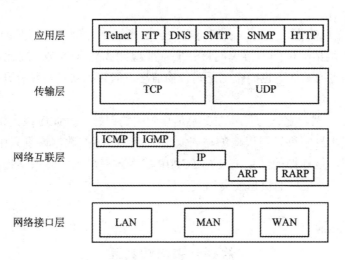

图 1-2-15　TCP/IP 协议集

4. OSI 七层模型与 TCP/IP 协议栈之间的关系

ISO 组织制定的 OSI/RM 国际标准，并没有成为事实上的国际标准，取而代之的是 TCP/IP。OSI/RM 和 TCP/IP 的共同之处就是都采用了层次结构模型。它们在某些层次上有着相似的功能，但也有不同，即各有特点。

1）OSI 参考模型与 TCP/IP 参考模型的共同点

(1) 两者都实现网络协议和网络体系结构的标准化。

(2) 两者都采用了层次结构，而且都是按功能分层。

(3) 两者都是计算机通信的国际性标准。OSI 是国际通用的，而 TCP/IP 则是当前工业界的事实标准。

(4) 两者都是基于一种协议集的概念。协议集是一种完成特定功能的相互独立的协议。

(5) 各协议层次的功能大体上相同，都存在网络层、传输层和应用层。两者都可以解决异构网络互联的问题。

2）OSI 参考模型与 TCP/IP 参考模型的不同点

(1) OSI 参考模型与 TCP/IP 参考模型层数不同。OSI 参考模型分为七层，而 TCP/IP 参考模型分为四层。

(2) OSI 参考模型定义了服务、接口和协议 3 个主要的概念，并将它们严格区分。而 TCP/IP 参考模型最初没有明确区分服务、接口和协议。

(3) TCP/IP 虽然也分层，但其层次间的调用关系不像 OSI 那样严格。在 OSI 中，两个第 N 层实体间的通信必须涉及下一层，即第 $(N-1)$ 层实体。但 TCP/IP 则不一定，它可以越过紧挨着的下层而使用更低层提供的服务，这样做可以提高协议的效率，减少不必要的开销。

(4) 对可靠性的强调不同。所谓可靠性，是指网络正确传输信息的能力。OSI 对可靠性的强调是第一位的，协议的每一层都要检测和处理错误。因此遵循 OSI 协议组网在较为恶劣的条件下也能做到正确传输信息，但它的缺点是额外开销较大，传输效率比较低。

TCP/IP 则不然，它认为可靠性主要是端到端的问题，为此应该由传输层来解决，因此通信子网本身不进行错误检测与恢复，丢失或损坏的数据恢复只由传输层完成，即由主机承担，这样做的结果是使得 TCP/IP 成为效率最高的体系结构，但如果通信子网可靠性较差，主机的负担就会加重。

 任务实施

数据封装与解封装

结合 Wireshark 软件，分析客户端与腾讯 QQ 服务器的数据交互过程，绘制数据封装 (应用层—传输层—网络层—数据链路层—物理层) 与解封装 (物理层—数据链路层—网络层—传输层—应用层) 的过程。

(1) 如图 1-2-16 所示，根据客户端实际的上网情况 (如本地连接、无线网络连接)，选择抓取数据包的方式。

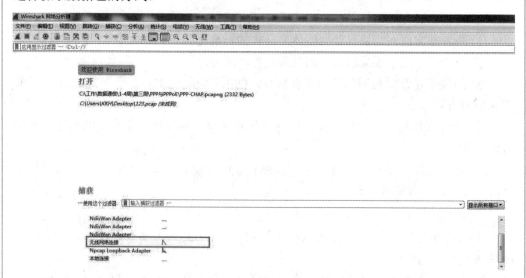

图 1-2-16　无线网络连接方式

(2) 如图 1-2-17 所示，根据腾讯 QQ 协议 OICQ 过滤数据包，分析其对应 TCP/IP 每一层的关键字段。

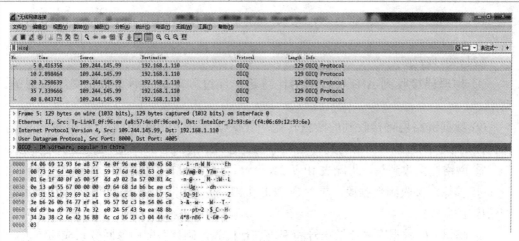

图 1-2-17 抓包结果展示

(3) 如图 1-2-18 所示，找到腾讯 QQ 登录的账号信息，并还原客户端与服务器的交互过程。

图 1-2-18 QQ 登录信息

封装过程如下：

① QQ 应用程序将登录数据包 (包含 QQ 登录账号和用户输入密码等信息) 交给传输层，传输层添加上 TCP 的控制信息 (称为 TCP 头部)，并对信息进行加密、压缩，该数据单元称为数据段 (segment)，这一过程称为封装。然后，将数据段交给网络层。

② 网络层接收到数据段，再添加上 IP 头部，该数据单元称为数据包 (packet)。然后，将数据包交给数据链路层。

③ 数据链路层接收到数据包，再添加上 MAC 头部 (662) 和尾部 (FCS)，该数据单元称为数据帧 (frame)。然后，将数据帧交给物理层。

④ 物理层将接收到的数据转化为比特流 (D/A 转换)，从网卡发送出去。

发送端将封装好的数据包通过无线路由器发送至腾讯QQ服务器,进行解封装操作。

解封装过程如下:

① 物理层接收到A/D转换后的比特流,经过剥离处理后将数据交给数据链路层。

② 数据链路层将接收到的数据转化为数据帧,再除去MAC头部和尾部,这个除去控制信息的过程称为解封装,然后将包交给网络层。

③ 网络层接收到包,再除去IP头部,然后将数据段交给传输层。

④ 传输层接收到数据段,再除去TCP头部,并对相关数据进行解密,然后将其交给应用层。

⑤ 腾讯QQ数据库对登录账号和密码进行校验,确认匹配则返回登录成功请求。

 知识拓展

云 计 算

结合分布式网络的技术特点了解云计算(cloud computing),它是简单的分布式计算,解决任务分发,并进行计算结果的合并。因而,云计算又称为网格计算。通过这项技术,可以在很短的时间内(几秒钟)完成对数以万计数据的处理。

目前云计算已经渗透到Internet的各种应用中,最为典型的是网络搜索引擎与网络邮箱。通过网络搜索引擎,可以方便地查询到想获取的咨询,并且可以通过云端实现资源数据的分享。在我们的印象中寄一封信是非常繁杂且缓慢的过程,而在云计算的作用下,电子邮箱可以实现实时邮件的收发。目前,云计算已经融入当前的社会生活中。

1. 教育云

职教云,中国MOOC网站,是将所需要的教育硬件资源虚拟化,然后上传到互联网中,给教育机构和学生教师提供一个在线的教育平台。中国MOOC开发了大规模的在线开发课程,能够允许上万人在线学习,这里就有云计算技术的身影。

2. 医疗云

远程医疗,已经不再是陌生的词汇,是指在云计算、移动技术、多媒体、5G通信、大数据以及物联网等新技术基础上,结合医疗技术,实现医疗健康服务的云平台,实现医疗资源的共享。比如我们目前使用的网上挂号、电子病历、电子医保等都是云计算与医疗领域技术的产物。

3. 存储云

存储云是云技术和存储技术集合的产物,是以数据存储和管理为核心的云计算系

统，用户可以将资源上传云端，在任何一个可以连接互联网的地方获取云存储上的资源，比如百度云盘、微云等APP，都是在市场上占有量最大的存储云。存储云向用户提供了存储容器服务、备份服务、归档服务和记录管理服务等，大大方便了使用者对资源的管理。

 课程小结

网络中计算机的类型可能不同，可能来自不同的生产厂家、具有不同的体系结构、使用不同的操作系统。这些计算机间是不能直接进行通信的，只有同一制造商生产的同一系列计算机才可以相互通信，这就限制了网络通信的范围，限制了不同结构的计算机与不同网络之间的相互通信。如何让任意两台计算机能够通信呢？这就必须使它们采用相同的信息交换规则，也就是本任务介绍的网络体系结构与网络协议。网络通信协议是根据网络上的节点进行通信的一组规则，每种设备都可以根据通信协议识别其他设备的信息。本任务介绍了开放性的通信系统互联参考模型OSI和市场普遍使用的TCP/IP协议簇。通过解析QQ登录流程，对TCP/IP协议簇的封装和解封装进行了详细解释。

一、选择题

1.（单选题）双方进行通信时，如果发送端发出一个数据报文，目标端正确接收，则回答源端接收正确。这属于网络协议三要素中的（　　）。

A. 语义　　　　　　　　　　　　B. 语法

C. 时序　　　　　　　　　　　　D. 顺序

2.（单选题）路由选择协议位于OSI参考模型的（　　）。

A. 物理层　　　　　　　　　　　B. 数据链路层

C. 网络层　　　　　　　　　　　D. 传输层

3.（单选题）物理层的基本传输数据单元是（　　）。

A. 帧　　　　　　　　　　　　　B. IP数据报

C. 比特流　　　　　　　　　　　D. 报文

4.（单选题）发送电子邮件时需要建立连接，发送完后则将连接断开，这种发送方式是由TCP/IP协议簇中的（　　）决定的。

A. 应用层　　　　　　　　　　　B. 表示层

C. 会话层　　　　　　　　　　　D. 传输层

5. (单选题) 在 TCP/IP 参考模型中, 传输层的主要作用是在互联网络的源主机与目的主机对等实体之间建立用于会话的 ( )。

A. 点到点连接   B. 操作连接

C. 端到端连接   D. 控制连接

二、简答题

1. 简述网络通信协议的三要素。

2. 简述网络体系结构分层原理。

3. 简述 OSI 划分层次的原则。

4. 比较 OSI 参考模型与 TCP/IP 参考模型的异同点。

根据课堂学习情况和本任务知识点, 进行评价打分, 如表 1-2-1 所示。

表1-2-1 评 价 表

项目	评 分 标 准	分值	得分
接收任务	明确工作任务	5	
信息收集	掌握网络体系结构分层相关知识	15	
制订计划	工作计划合理可行, 人员分工明确	10	
计划实施	学会用Wireshark抓取QQ登录的数据包, 并解析协议关键字段	30	
	学会分析用户访问网页的数据, 通过源IP、目的IP、源MAC、目的MAC以及协议研判用户的上网行为	30	
质量检查	会进行设备连通性测试	5	
评价反馈	经验总结到位, 合理评价	5	

项目二

组建家庭局域网

Computer Network

任务2.1 通信技术

姓名:	班级:	学号:	日期:

 教学目标

1. 能力目标

了解 TCP/IP 协议簇中物理层的作用；能够根据网络需求和使用场景，制作满足要求的网线；会运用仪器仪表测试局域网的传输性能。

2. 知识目标

了解家庭局域网组建所涉及的设备与工具。

3. 素质目标

培养爱岗敬业的精神、高度负责的责任心与良好的职业道德。

4. 思政目标

网线制作实验结束后，引导学生把实验器材设备排放整齐。东西摆放有序，能够提高工作效率，减少搬运作业；同时，一个良好的工作环境，可以使人心情愉悦，向学生弘扬劳动精神。

 任务下发

现有三室一厅的住房 (120 m²)，设置有两个卧室、一个书房、一个客厅，家里需要联网的设备有：两台台式电脑、两台笔记本电脑和三个手机。通过设置家庭局域网能使计算机网络交流变得更加方便快捷，并使联网设备具有良好的传输性能。

图 2-1-1 是一种典型的家庭局域网拓扑结构，根据任务需求家庭局域网需要配置家庭路由器一台、网线若干。两台台式电脑通过网线接入家庭

图2-1-1　家庭局域网总体架构

路由器中，而笔记本电脑 1、笔记本电脑 2、手机 1、手机 2 和手机 3 均通过无线方式连接到家庭路由器，实现联网。

根据任务需求，上网查询资料，设计家庭局域网拓扑结构，并选择合适的设备以及设备型号，完成表 2-1-1 的设备清单。

表 2-1-1 设备清单表

序号	设备名称/参考型号	主要技术参数、规格及报价产品的详细配置	单位	数量	总价
1					
2					
3					
总价					

组建家庭局域网涉及网络设备和传输线路两个知识点。设计网络拓扑图需要具备数据通信模型的相关知识，了解数据通信过程中主要技术指标，任务中手机和笔记本均采用无线方式联网，需要具备无线局域网 (Wireless Local Area Network，WLAN) 的相关知识。

素质小课堂

网线制作需要用到的工具和原料有网线钳、网线、测试仪、水晶头、剪刀，整个实验过程中会有很多飞溅的网线、损坏的水晶头。首先，由于场地杂物乱放，致使设备耗材无处堆放，这是一种空间的浪费。其次，一个良好的工作环境，可以使人心情愉悦，东西摆放有序，更能够提高工作效率。所以每次实验后，及时地清理实训室是必不可少的任务。

知识准备

知识点1 物理层的作用

1. 物理层概述

物理层是计算机网络 OSI 参考模型的最底层。物理层为传输数据提供必要的物理链路，包括链路创建、维护和拆除。简单地说，物理层确保原始的数据可以在各种物理媒体上传输。任务中的家庭局域网就涵盖了物理层和数据链路层，它们分别属于 OSI 参考模型的第 1、2 层。如图 2-1-2 所示，物理层是第一层，它虽然处于最底层，却是整个开放系统的基础。物理层为设备之间的数据通信提供传输媒体及互连设备，为数据传输提供可靠的环境。

OSI七层模型

图 2-1-2　物理层在 OSI 协议中的位置

1) 物理层要解决的主要问题

物理层要解决的主要问题如下：

(1) 物理层要尽可能地屏蔽掉物理设备、传输媒体和通信手段的不同，使数据链路层感觉不到这些差异，只考虑完成本层的协议和服务。

(2) 物理层提供给用户在一条物理的传输媒体上传送和接收比特流的能力。为此，物理层应该解决物理连接的建立、维护和释放问题。

(3) 在两个相邻系统之间唯一地标识数据电路。

2) 物理层的主要功能

物理层的主要功能是为数据端设备提供数据传输的通路以及传输数据的能力。

(1) 为数据端设备提供数据传输的通路，数据通路可以是一个物理媒体，也可以是多个物理媒体连接而成。一次完整的数据传输包括激活物理连接、传送数据、终止物理连接。所谓激活，就是不管有多少物理媒体参与，都要将通信的两个数据终端设备连接起来，形成一条通路。

(2) 传输数据的能力，物理层要形成适合数据传输需要的实体，为数据传送服务。一是要保证数据能在其上正确通过；二是要提供足够的带宽 (带宽是指每秒钟内能通过的比特数)，以减少信道上的拥塞。根据传输数据的特点，物理层需要提供点到点、一点到多点、串行或并行、半双工或全双工、同步或异步等多种传输方式。

2. 物理层的功能及特性

信号的传输离不开传输介质，而传输介质两端必然有接口用于发送和接收信号。因此，既然物理层主要关心如何传输信号，那物理层的主要任务就是规定各种传输介质和接口与传输信号相关的一些特性。

1) 机械特性

机械特性也叫物理特性，指通信实体间硬件连接接口的机械特点，如接口所用接线器的形状和尺寸、引线数目和排列、固定和锁定装置等。这很像平时常见的各种规格的电源插头，其尺寸都有严格的规定。

2) 电气特性

电气特性规定了在物理连接上，导线的电气连接及有关电路的特性，一般包括：接收器和发送器电路特性的说明、信号的识别、最大传输速率的说明、与互连电缆相关的规则、发送器的输出阻抗、接收器的输入阻抗等电气参数。

3) 功能特性

功能特性指某条线上出现某一电平表示何种意义，即接口信号引脚的功能分配和确切定义。按功能可将接口信号线分为数据信号线、控制信号线、定时信号线和接地线 4 类。

4) 规程特性

规程特性指利用接口传输比特流的全过程及各项用于传输的事件发生的合法顺序，包括事件的执行顺序和数据传输方式。不同的接口标准，其规程特性也不同。

以上 4 个特性实现了物理层在传输数据时，对于信号、接口和传输介质的规定。

计算机网络中应用最为广泛的物理接口是 RS-232 和 RJ45 接口，这两种接口都是串行通信接口。串行接口 (serial interface) 是指数据一位一位地顺序传送，其特点是通信线路简单，只要一对传输线就可以实现双向通信，从而大大降低了成本。

下面通过一个具体的物理层协议"RS-232 接口标准"来了解物理层协议规定的四个规程内容。

RS-232 是最常用的一种串行通信接口，全名是"数据终端设备 (Data Terminal Equipment，DTE) 和数据通信设备 (Data Communications Equipment，DCE) 之间串行二进制数据交换接口技术标准"。

机械特性：如图 2-1-3 所示，传统的 RS-232-C 接口标准有 22 根线，采用标准 25 芯 D 型插头座 (DB25)，后来简化为 9 芯 D 型插座 (DB9)，供计算机和调制解调器的连接使用，如计算机的 COM 接口。

图 2-1-3　RS-232 引脚示意图

电气特性：采用负逻辑电平。用 −15 ～ −5 V 表示逻辑"1"电平，用 +5 ～ +15 V 表示逻辑"0"电平。当连接电缆长度不超过 15 m 时，允许数据传输速率不超过 20 kb/s。RS-232 是为点对点通信而设计的一种接口，其驱动器负载为 3 ～ 7 kΩ，所以 RS-232

接口适合本地设备之间的通信。

功能特性：它规定了什么电路应当连接到 25 根引脚中的哪一根以及该引脚的作用。

规程特性：规定了在 DTE 与 DCE 之间所发生的合法序列。DTE 是指具有一定数据处理能力和数据发送接收能力的设备，包括各种 I/O 设备和计算机。如图 2-1-4 所示，由于大多数数据处理设备的传输能力有限，直接将相距很远的两个数据处理设备连接起来是不能进行通信的，所以要在数据处理设备和传输线路之间加上一个中间设备，即 DCE。

图 2-1-4　DTE 通过 DCE 设备与通信线路连接

3. 典型的物理层设备——中继器

中继器工作在物理层，是数字信号放大设备，它的作用是对网络上传输衰减的比特流信号进行整形和放大，以此来增加中继距离。中继器最典型的应用是连接两个以上的以太网电缆段，其目的是延长网络的长度。如图 2-1-5 所示，使用中继器连接两个以太网段。

图 2-1-5　中继器连接的两个网段器

那么在家庭局域网中中继器的作用体现在哪里？由于任务设置的是三室一厅的居室，无线路由器的覆盖范围有限，且容易被墙和家具等物体隔离，导致信号衰减较大，最直观的影响是距离无线路由器较远的房间，接受 Wi-Fi 信号不好，上网速度慢，在这种环境下，引入 Wi-Fi 中继器，可以扩展无线网的覆盖范围。中继器不需要从物理上通过线缆连接到网络的任何部分，所以，Wi-Fi 中继器是解决信号受损、衰减等问题的一个有效的解决方案。也许家里或办公室的路由器并没有覆盖到所有用户需要连接的整个范围，如院子里或地下室，那么在覆盖范围和未覆盖范围之间放置一个中继器，就可以提供全部空间范围内的连接，因此 Wi-Fi 中继器修补了覆盖范围上的漏洞。

在安装中继器时，一定要遵循厂商的安装手册。本书也提供了一些安装技巧：

(1) 先在信号很好的一个位置安装中继器。为了让中继器正常工作，这样做可以极大地减少无线覆盖问题。

(2) 配置 IP 地址。一定要保证中继器地址的唯一性，并且属于无线网络连接能够确认的 IP 地址范围。另外，在中继器上设置子网掩码时要使它与网络设置相匹配，对用户来说，可能还要配置中继器的网关 IP 地址，使它与现有接入点上的 IP 地址配置相匹配。

(3) 配置 SSID(Service Set Identifier，即服务集标识符)。要将中继器的 SSID 设置成与现有网络上的 SSID 完全相同。如果忽略了这一步，中继器将无法正常工作。

总之，Wi-Fi 中继器可以增加现有无线网的射频范围，是扩展无线网范围的有效设备。

知识点2　局域网的传输介质

1. 双绞线电缆的分类

双绞线电缆分为非屏蔽双绞线 (Unshielded Twisted Pair，UTP) 与屏蔽双绞线 (Shielded Twisted Pair，STP) 两类。双绞线是两根绝缘导线互相纽绞在一起的一种通用的传输介质，它可以减小线间的干扰，既适用于模拟通信，也适用于数字通信。

如图 2-1-6(a) 所示，屏蔽双绞线中双绞线对被一种金属箔制成的屏蔽层所包围，目的是提高双绞线的抗干扰能力。如图 2-1-6 所示 (b) 所示，非屏蔽双绞线中没有屏蔽层，因此非屏蔽双绞线比屏蔽双绞线更便宜，抗噪性也相对较低。

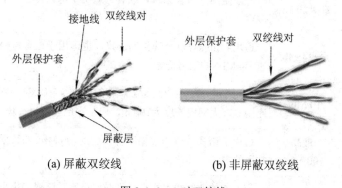

(a) 屏蔽双绞线　　　　　(b) 非屏蔽双绞线

图 2-1-6　4 对双绞线

目前，在局域网中大多使用的是非屏蔽双绞线，其传输速率取决于芯线质量、传输距离、驱动和接收信号的技术等。10Base-T 使用的是三类非屏蔽双绞线，其传输速率可达 10 Mb/s；100Base-T 使用的是五类非屏蔽双绞线，其传输速率可达 100 Mb/s。

2. 双绞线的特征

(1) 双绞线的相关参数如下：

① 数据传输速率：10Base-T 为 10 Mb/s，100Base-T 为 100 Mb/s。

② 每段双绞线的最大长度：100 m。

③ 一段通路允许连接 HUB 数：4 个。

④ 拓扑结构：星型。

⑤ 访问控制方式：CSMA/CD。

⑥ 帧长度：可变，最大为 1518 字节。

⑦ 最大传输距离：500 m。

⑧ 每网段上的最大节点数：512 个。

⑨ 网卡：RJ45 头。

(2) 双绞线的优缺点如下：

① 价格便宜，管理、连接方便。

② 网络建立和扩展十分灵活方便。

③ HUB 具有自动隔离故障作用。

④ 故障检测容易，维护方便。

在许多类型的网络中非屏蔽双绞线使用 4 对线，其中计算机网络常用的是五类线和超五类线，随着技术的发展，六类线和超六类线也在更多的应用场景中出现，线缆类型和用途如表 2-1-2 所示。

表 2-1-2　线缆类型和用途

类别	传输速率	说　明
一类线	最大20 kb/s	一般是用于报警系统，或者只适用于电话传输，不适用于数据传输
二类线	最高4 Mb/s	适用4 Mb/s规范令牌传递协议，也适用于语音传输和最高传输速率4 Mb/s的数据传输
三类线	10 Mb/s	适用于语音、10 Mb/s以太网和4 Mb/s令牌环，采用RJ形式的连接器，大网段长度为100 m，但是它已经淡出市场
五类线	最高 100 Mb/s	适用于语音传输和传输率可以达到100 Mb/s的数据传输，是最常用的电缆
超五类	100 Mb/s	超五类的双绞线串扰少，衰减也小，时延误差更小，性能得到很大提高
六类线	最大可以达到1 Gb/s	改善了串扰以及回波损耗方面的性能，对于网络高速发展的时代，优良的回波损耗性能是极重要的
超六类线	大于1 Gb/s	跟七类一样，国家还没有出台正式的检测标准，只是各厂家宣布一个测试值

 任务实施

制 作 双 绞 线

作为网络布线人员，不掌握布线工具的使用，怎能立足这一竞争激烈的领域，要知道布线可是建立网络不可或缺的部分。项目一中购买的网线如果不能满足长度需要，那么学生需要重新制作网线，实现台式电脑连接到家庭路由器，且看双绞线跳线制作方法。

学生准备：4位同学一组，男女搭配。

工具准备：如图2-1-7所示，所需工具依次是剥线刀、测试仪、网线、水晶头。

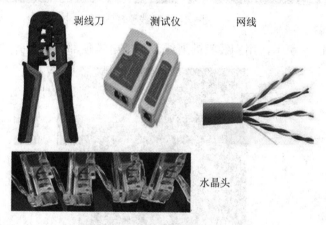

剥线刀　　　　测试仪　　　　网线

水晶头

图 2-1-7　网线制作工具

制作双绞线的操作步骤如下：

(1) 拨开线皮，长度大概留3～4厘米，旋转剥线刀，注意不要太用力，以免伤到里面的线芯。

注意：如图2-1-8所示，剥开线皮后查看网线芯是否有割伤，没有割伤才能进行下一步的操作。

图 2-1-8　拨开线皮

(2) 如图 2-1-9 所示，将四对双绞线分开、捋直，并且按照橙白—橙—绿白—蓝—蓝白—绿—棕白—棕的次序排列好，并让线与线紧紧靠在一起。

图 2-1-9 网线整理

(3) 如图 2-1-10 所示，用剥线刀的剪线刀口把电缆顶部裁剪整齐。

图 2-1-10 剥线刀裁剪网线

(4) 如图 2-1-11 所示，右手手指掐住线，左手拿水晶头，塑料弹簧片朝下，把网线插入水晶头。

注意：务必把外层的皮，插入水晶头内，否则水晶头容易松动。

图 2-1-11 网线插入水晶头

(5) 如图 2-1-12 所示，压线，受力之后听到轻微的"咔"一声即可。

图 2-1-12　压线

(6) 测试网线时，测试仪上的 8 个指示灯应该依次为绿色闪过，此时双绞线制作成功。

◆ 若出现任何一个灯为红灯或黄灯，则表示存在断路或者接触不良现象 (解决方法：此时最好先用剥线刀压一次两端水晶头，再测)；

◆ 如果故障依旧，再检查一下两端芯线的排列顺序是否一样，如果不一样，剪掉一端重新按另一端芯线排列顺序制做。

 知识拓展

光纤到户 FTTH

家庭局域网目前使用网线比较常见，但是作为家庭局域网的接入端目前已经实现了光纤到户 (Fiber To The Home，FTTH)。

生活方式的改变、智能家居的兴起、智能设备的升级，人们越来越依赖高速网络，一个明显的例子就是 4K 视频对带宽要求极高，而普通铜线网络传输已无法满足高速数据的传输，升级光纤宽带是必然。而"宽带中国"战略的实施，也给光纤技术提供了广阔的市场空间。

光纤宽带的主要优点有：

(1) 容量大：光纤工作频率比电缆的工作频率高出 8 ～ 9 个数量级，故容量大。

(2) 衰减小：光纤每千米衰减比目前容量最大的通信同轴电缆每千米衰减要低一个数量级以上。

(3) 防干扰性能好：光纤不受强电干扰、电气信号干扰和雷电干扰，抗电磁脉冲能力也很强，保密性好。

(4) 节约有色金属：一般通信电缆要耗用大量的铜、铅或铝等有色金属。光纤本身是非金属，光纤通信的发展将为国家节约大量有色金属。

(5) 扩容便捷：一条带宽为 2 Mb/s 的标准光纤专线很容易就可以升级到 4 M、10 M、20 M、100 M 甚至 G 带宽。

(6) 上下行对称：光纤介质克服了传统 ADSL 的电话线缆介质的下行大上行小的问题，能够实现上下行对称。

课程小结

物理层是计算机网络 OSI 参考模型的最底层。物理层为传输数据提供必要的物理链路，包括链路创建、维护和拆除。简单地说，物理层确保原始的数据可以在各种物理媒体上传输。双绞线是物理层中一种典型的传输介质，在任务实施中详细介绍了双绞线的制作方法。

一、选择题

1. (单选题)RS-232-C 的电气特性规定逻辑 "1" 的电平范围为 (　　)。

A. + 5 ～ + 15 V　　　　　　　　B. –15 ～ –5 V

C. 0 ～ + 5 V　　　　　　　　　　D. 0 ～ –5 V

2. (单选题) 目前光纤通信中，光纤中传输的是 (　　)。

A. 微波　　　　　　　　　　B. 红外线

C. 激光　　　　　　　　　　D. 紫外线

3. (单选题) 局域网中常使用两类双绞线，其中 STP 和 UTP 分别代表 (　　)。

A. 屏蔽双绞线和非屏蔽双绞线

B. 非屏蔽双绞线和屏蔽双绞线

C. 三类和五类屏蔽双绞线

D. 五类和三类屏蔽双绞线

4. (单选题) 利用电话线路接入 Internet，客户端必须设置 (　　)。

A. 路由器　　　　　　　　　　B. 调制解调器

C. 集线器　　　　　　　　　　D. 网卡

5. (单选题) 在同一时刻，通信双方可以同时发送数据的信道通信方式为 (　　)。

A. 半双工通信　　　　　　　　B. 单工通信

C. 全双工通信　　　　　　　　D. 伪双工通信

6. (多选题) 物理层的规程特性包括以下哪几项？ (　　)

A. 机械特性　　　　　　　　　　B. 规程特性

C. 功能特性　　　　　　　　　　D. 电气特性

二、简答题

1. 物理层主要解决哪些问题，其主要特点又是什么？

2. 为什么台式电脑通过网线与家庭路由器连接，而笔记本电脑和手机通过无线方式与家庭路由器连接？

3. 某校园网拓扑结构如图 2-1-13 所示。

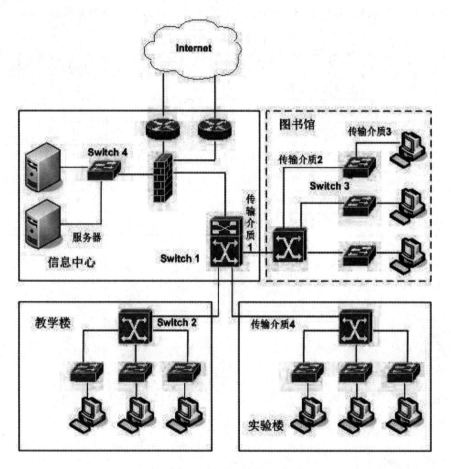

图 2-1-13 校园网拓扑结构图

该网络中的部分需求如下：

(1) 信息中心距图书馆 2 千米，距教学楼 300 米，距实验楼 200 米。

(2) 学校网络要求千兆干线，百兆到桌面。

问题 1：根据网络的需求和拓扑结构图，在满足网络功能的前提下，本着最节约成本的布线方式，传输介质 1 应采用 (　　)，传输介质 2 应采用 (　　)，传输介质 3 应采用 (　　)，传输介质 4 应采用 (　　)。

A. 光纤　　　　　　　　　　B. 同轴电缆

C. 一类双绞线　　　　　　　D. 五类双绞线

问题 2：如果购买的两根网线的长度不满足连接需要，那应该如何处理？

根据课堂学习情况和本任务知识点，进行评价打分，如表 2-1-3 所示。

表2-1-3 评 价 表

项目	评 分 标 准	分值	得分
接收任务	明确工作任务	5	
信息收集	掌握制作双绞线的操作要点	15	
制订计划	工作计划合理可行，人员分工明确	10	
计划实施	掌握家庭局域网中网线的制作方法和测试方法	30	
	掌握Wi-Fi中继器的功能	30	
质量检查	按照要求完成相应任务	5	
评价反馈	经验总结到位，合理评价	5	

任务 2.2 家用路由器的配置

姓名：	班级：	学号：	日期：

 教学目标

1. 能力目标

会配置无线路由器和便携式无线局域网热点，会把带有无线功能的家电接入家庭局域网中。

2. 知识目标

了解无线局域网的概念和无线接入技术，掌握无线路由器组建家庭局域网的配置要求。

3. 素质目标

培养学生利用信息技术知识解决实际的网络问题，同时培养学生对信息技术专业的兴趣。

5. 思政目标

介绍彰显中国道路自信的华为 5G 技术案例，让学生领略中国智慧，坚定大学生的中国道路自信和行业领域的发展信心。

 任务下发

小张现有三室一厅的住房 (120m^2)，想实现家中所有的终端联网，需要购置家庭路由器。由于市场上路由器的种类繁多、价格不等，小张在挑选路由器的过程中，不知所措。确定路由器后，还需要配置相关参数，实现网络资源的最大化。

(1) 列出无线路由器几个重要的参数，以及该参数对于用户上网最直观的影响填入表 2-2-1 中。

(2) 通过查阅网上资料，列出无线路由器最适合摆放在家里的哪个位置。

表2-2-1 路由器的基本参数

序号	路由器的参数	网络影响因素
1		
2		
3		

 素质小课堂

华为作为我国民族企业的骄傲，是现在全球领先的 ICT(信息与通信) 解决方案提供商，推动着 ICT 产业跨越式发展。3GPP 确定了华为主导的 Polar 码作为控制信道的编码方案，3GPP 定义了 5G 的三大场景：增强型移动宽带 eMBB、大连接物联网 mMTC 和超可靠低时延通信 uRLLC，Polar 码暂时拿下的是 eMBB 场景。根据华为的实际测试，Polar 码可以同时满足超高速率、低时延、大连接的场景需求，使现有蜂窝网络的频谱效率提升 10%，与毫米波结合达到 27 Gb/s 的速率，这一速率创下了中国标准。

 知识准备

知识点1　无线局域网概述

1. 无线局域网简介

无线局域网指应用无线通信技术将计算机设备互联起来，构成可以互相通信和实现资源共享的网络体系。在无线局域网发明之前，人们要想通过网络进行联络和通信，必须先用物理线缆 (铜绞线) 组建一个电子运行的通路，为了提高效率和速度，后来又发明了光纤。当网络发展到一定规模后，人们又发现，这种有线网络无论组建、拆装还是在原有基础上进行重新布局和改建，都非常困难，且成本和代价也非常高，于是无线局域网的组网方式应运而生。如表 2-2-2 所示，无线局域网之所以能够快速发展，正因为它有着独特的优势。

表 2-2-2　无线局域网的优势

优　点	描　述　信　息
灵活性和移动性	在有线网络中，网络设备的安放位置受网络位置的限制，而无线局域网在无线信号覆盖区域内的任何一个位置都可以接入网络。无线局域网另一个优点在于其移动性，连接到无线局域网的用户可以移动且能同时与网络保持连接
安装便捷	无线局域网可以免去或最大程度地减少网络布线的工作量，一般只要安装一个或多个接入点设备，就可建立覆盖整个区域的局域网络
易于进行网络规划和调整	对于有线网络来说，办公地点或网络拓扑的改变通常意味着重新组网布线，这是一个昂贵、费时、浪费和琐碎的过程，无线局域网可以避免或减少以上情况的发生

续表

优 点	描 述 信 息
故障定位容易	有线网络一旦出现物理故障，尤其是由于线路连接不良而造成的网络中断，往往很难查明，而且检修线路需要付出很大的代价。无线局域网则很容易定位故障，只需更换故障设备即可恢复网络连接
易于扩展	无线局域网有多种配置方式，可以很快从只有几个用户的小型局域网扩展到上千用户的大型网络，并且能够提供节点间"漫游"等有线网络无法实现的特性

由于无线局域网有以上诸多优点，因此其发展十分迅速，最近几年，无线局域网已经在企业、医院、商店、工厂和学校等场合得到了广泛的应用。无线局域网在能够给网络用户带来便捷和实用的同时，也存在着一些缺陷，如表 2-2-3 所示。

表 2-2-3　无线局域网的不足

不 足	描 述 信 息
性能	无线局域网是依靠无线电波进行传输的，这些电波通过无线发射装置进行发射，而建筑物、车辆、树木和其他障碍物都可能阻碍电磁波的传输，所以会影响网络的性能
速率	无线信道的传输速率与有线信道相比要低得多。无线局域网的最大传输速率为1 Gb/s，只适合于个人终端和小规模网络应用
安全性	本质上无线电波不要求建立物理的连接通道，无线信号是发散的。从理论上讲，很容易监听到无线电波广播范围内的任何信号，造成通信信息泄漏

2. 无线局域网的组成结构

无线局域网的组成结构一般分为对等模式和无线接入点 (Access Point，AP) 模式，两种模式有各自的适用范围。

1) 对等模式

如图 2-2-1 所示，对等模式又称为 Ad-hoc，用以创建一个无线网络，此网络中不需要热点 (AP)，每个节点的地位都是对等的，此模式用以连接几个不能通过基站进行通信的电脑。Ad-Hoc 模式就和以前的直连双绞线概念一样，是 P2P 的连接，所以也就无法与其他网络沟通了。一般无线终端设备像 PMP、PSP、DMA 等用的就是 Ad-Hoc 模式。

在家庭无线局域网的组建过程中，最简单的莫过于两台安装有无线网卡的计算机进行无

图 2-2-1　对等模式

线互联。Ad-Hoc 模式是省去了无线 AP 而搭建起的对等网络结构，只要安装了无线网卡的计算机彼此之间即可实现无线互联。其原理是网络中的一台电脑主机建立点对点连接后，该主机就相当于虚拟 AP，而其他电脑就可以直接通过虚拟 AP 进行网络互联与共享。

由于省去了无线 AP，Ad-Hoc 无线局域网的网络架设过程十分简单。一般的无线网卡在室内环境下传输距离通常为 40 m 左右，当超过此有效传输距离，就不能实现彼此之间的通信，因此该模式非常适合一些简单甚至是临时性的无线互联需求。

2) 无线接入点模式

如图 2-2-2 所示，AP 相当于一个连接有线网与无线网的桥梁，作用是将无线客户端连接到一起，然后将无线网络连接到以太网。AP 模式可以简单地把有线的网络传输转换为无线传输，如果已经有了一台有线路由器，又想使用无线网络的话，那么这种方式刚好符合要求。在该模式下，AP 每 100 ms 通过 Beacons(信号台) 对外广播一次 SSID，无线客户端可以根据 SSID 决定是否要接入该 AP。

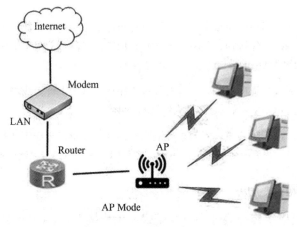

图 2-2-2　无线接入点模式

知识点2　无线传输介质

无线传输介质与有线传输介质相比，最大的好处是不需要铺设传输线路，且允许数字终端设备在一定的范围内移动。有线传输介质在高山、岛屿及偏远地区铺设不方便，而无线传输介质弥补了有线传输介质的不足。常用的无线传输介质有地面微波、卫星微波、无线电波、激光和红外线。

1. 地面微波

地面微波的工作频率范围一般为 1 ～ 20 GHz，它是利用无线电波在对流层的视距范围内进行传输的。由于受地形和天线高度的限制，两地面微波站间的通信距离一般为 30 ～ 50 km。长途传输时，必须架设多个微波中继站，每个中继站的主要功能是变频和放大，这种通信方式称为微波接力通信。

微波通信可传输电话、电报、图像和数据等信息，其主要特点如下：

(1) 微波波段频率高，其通信信道的容量大，传输质量上较平稳，但遇到下雨天气时会增加损耗。

(2) 与电缆通信相比，微波接力信道能通过有线线路难于跨越或不易架设的地区 (如高山或深水)，故有较大的灵活性，抗灾害能力也较强，但通信隐蔽性和保密性不如电缆通信。

2. 卫星微波

卫星通信是利用卫星上的微波天线接收地球发射站发射的信号，经过放大后再转回地球接收站，如图 2-2-3 所示。

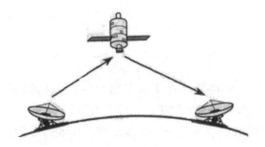

图 2-2-3　卫星通信

用于卫星微波通信的卫星是定位于距地球 36000 ～ 50000 km 上空的一种人造同步地球卫星。所谓"同步"，是指它沿着轨道旋转的角频率与地球自转的角频率相同，所以它相对地球的位置始终是固定的。因为同步卫星发出的电磁波能辐射到地球上的广阔地区，其通信覆盖的跨度达 18000 km，相当于 1/3 的地球表面，只要在地球赤道上空的同步轨道上等距离地放置 3 颗相距 120° 的卫星，就能基本上实现全球通信。

卫星通信具有灵活性、移动性、安全可靠性和覆盖全球的三维空间的能力。但卫星通信有很大的时延。由于各地球站天线的仰角不同，因此不管两个地球站之间的地面距离相隔多远，从一个地球站经卫星到另一个地球站的传播时延在 200 ～ 300 ms。

3. 无线电波

大气层中的电离层是具有离子和自由电子的导电层，无线电波通信就是利用地面的无线电波通过电离层的反射，或电离层与地面的多次反射，而达到接收端的一种远距离通信方式。由于大气层中的电离层高度距地面数十千米至百千米以上，因而易受来自水、自然物体和电子设备的各种电磁波的干扰，并随季节、昼夜以及太阳活动情况而发生变化。

由于无线电波很容易产生，传播距离很远，且容易穿透建筑物，因而无线电波广泛用于室内通信和室外通信。无线电波在空中可以全方位地传播，这使得无线电波的发射和接收装置不必要精确对准。

4. 激光

激光通信是利用激光束调制成光脉冲来传输数据的。激光通信只能传输数字信号，不能传输模拟信号。激光通信必须配置一对激光收发器，而且要安装在视线范围内。激光的频率比微波高，可以获得较高的带宽。激光具有高度的方向性，因而难于窃听和干扰，但同样易受环境的影响，而且传输距离不会很远。激光通信的另一个不足之处在于激光硬件会发出少量射线，污染环境，所以只有通过特许后才能安装。

 任务实施

无线路由器配置

1. 局域网组网

如图 2-2-4 所示，家庭局域网设置有光猫一台 (运营商的光猫设备自带 Wi-Fi 功能)、局域网接入设备若干。如果想实现家庭所有终端联网，则需要配置一台路由器，结合联网需求，如何配置和放置无线路由器是接下来要讨论的问题。

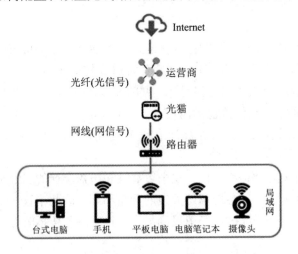

图 2-2-4　家庭局域网

如图 2-2-5 所示，常用的无线路由器有一个 WAN 口和 3 ～ 4 个 LAN 口，WAN 口和 LAN 口会用不同颜色区分开来。WAN 口连接到猫 / 光猫 (调制解调器)，是网络信号进入的接口；LAN 口是网络信号的出口，用来连接电脑或电视。

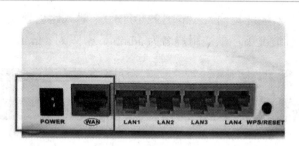

图 2-2-5　路由器接口

　　图 2-2-6 是典型光纤入户的连接图。入户光纤从光猫的 PON 口接入，后通过 LAN 口连接到家庭路由器的 WAN 口，而路由器的 LAN 口则连接家庭局域网需要有线连接的上网设备。

图 2-2-6　光纤入户连接图

2. 设置无线路由器

设置无线路由器的步骤如下：

　　(1) 如图 2-2-7 所示，为本地电脑添加 IP 地址，该地址要与路由器的 IP 地址在同一网段。路由器的 IP 地址会标注在设备外壳底部，一般为 192.168.1.1。

图 2-2-7　电脑 IP 配置

(2) 用户在浏览器地址栏输入 http://192.168.1.1，进入路由器网页的登录界面，如图 2-2-8 所示。一般情况下，默认用户名为 admin，密码为 admin。

图 2-2-8　路由器界面

(3) 路由器 WAN 口设置。如图 2-2-9 所示，保持原始数据信息，直接点击"保存"按钮进入下一步。

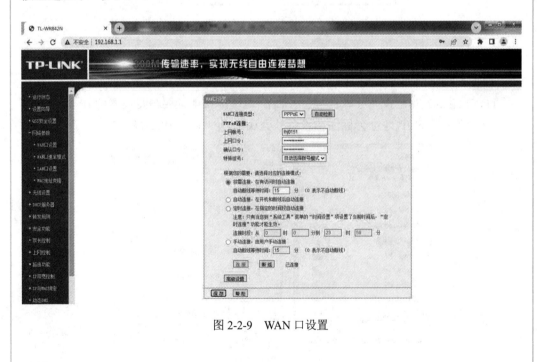

图 2-2-9　WAN 口设置

（4）LAN 口设置。如图 2-2-10 所示，LAN 口 IP 地址设置为"192.168.1.1"，也可以改成 192.168.1.X，其中 X 为 2 ~ 254 中的任意一个值，最后点击"保存"按钮。

图 2-2-10　LAN 口设置

（5）DHCP 服务设置。按照图 2-2-11 所示设置动态主机获取 IP 地址的规则。

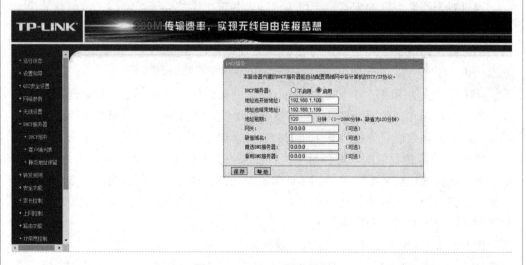

图 2-2-11　DHCP 服务设置

（6）Wi-Fi 的设置。按照图 2-2-12 所示配置无线路由器的 Wi-Fi 名称、密码等参数。

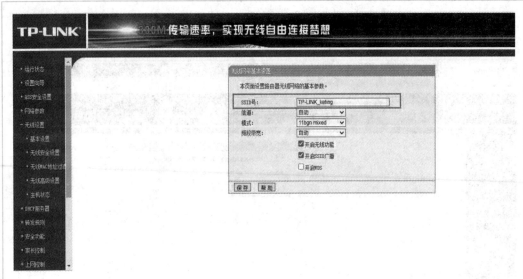

图 2-2-12   Wi-Fi 设置

(7) 路由器的测试。在手机设置界面，选择"WLAN"或者无线局域网，选择刚刚配置的 Wi-Fi 名称，输入对应的密码，如果显示连接成功，则可以进行联网操作。

注：路由器参数设置成功后，需要重启路由器，才能使设置的数据生效。

3. 认识 IP 地址

通过对无线路由器的配置，手机等终端设备可以连接到无线网络了，但是其根本原因是什么？电脑、手机和平板电脑等终端连接到无线局域网中，由于 DHCP 协议给它们分配了可以在公网上识别的 IP 地址，所以才能实现联网，接下来学习 IP 地址基本知识。

OSI 协议簇的网络层 IP 协议给 Internet 上的每台计算机和其他设备都规定了一个唯一的地址，叫作"IP 地址"。由于有唯一的地址，才保证了用户在联网的计算机上操作时，能够高效而且方便地从千千万万台计算机中选出自己所需的对象来。

IP 地址就像是我们的家庭住址一样，如果你要写信给一个人，就要知道他（她）的地址，这样邮递员才能把信送到。计算机发送信息就好比是邮递员，它必须知道唯一的"家庭地址"才不至于把信送错人家。只不过我们的地址是用文字来表示的，计算机的地址是用二进制数字表示的。

IP 地址是一个 32 位的二进制数，通常被分割为 4 个"8 位二进制数"（也就是 4 个字节）。IP 地址通常用"点分十进制"表示成 (a.b.c.d) 的形式，其中，a,b,c,d 都是 0 ～ 255 之间的十进制整数。例如点分十进 IP 地址 (100.4.5.6)，实际上是 32 位二进制数 (01100100.00000100.00000101.00000110)。

4. 无线路由器的摆放

路由器设置完成，意味着家庭无线网络搭建成功，但是生活中可能会遇到以下情况：家里无线 Wi-Fi 不给力，玩游戏拖累队友，刷网页加载不出来……相信不少小伙伴都遇到过这种情况。其实，家中无线 Wi-Fi 信号差，有可能是家里的路由器摆放位置不对。如何正确摆放路由器呢？

(1) 在路由器的旁边最好不要摆放金属物品。路由器的连接信号是通过发射信号来实现的，金属是信号的克星，会阻挡无线信号的发射；另外路由器不能摆在家里最偏的角落里，因为它的无线信号是向周围放射的。所以家里的中央地带才是摆放它的最好位置。

(2) 路由器不要放在家用电器的附近。随着电器行业的快速发展，家用电器的功率也开始不断加大，辐射因此也就大了起来，虽然对人体的伤害暂时还无法显现出来，但是同样作为精密电器的路由器，二者之间势必会互相影响。

(3) 如果把路由器放在地上，无线 Wi-Fi 信号很容易被家具、桌椅等物品阻挡。建议把路由器放在房屋中间的空旷位置，减少障碍物对路由器的干扰，让房间尽量均匀接收信号。

知识拓展

Wi-Fi 与 5G 移动通信

Wi-Fi 是比较常见的无线局域网技术，一般情况下，Wi-Fi 无法有效地解决移动性的问题，也无法获得授权频谱去进行广域覆盖，所以应用场景主要是一些室内场景。而 5G 技术的广域覆盖由宏基站来完成，室内部分由小基站和 5G 室内分布系统完成。

那么 Wi-Fi 与 5G 移动通信的具体应用场景有什么区别？5G 是一种广域网技术，Wi-Fi 是一种局域网技术，这是它们最大的区别。但是就技术发展来看，5G 最终要取代 Wi-Fi 技术，不过这需要 5G 技术再发展一段时间，最大的问题是 5G 室内分布的小基站价格昂贵，再加上运营商把主要精力投入到 5G 广覆盖应用中。未来小基站进入个人家庭之后，Wi-Fi 也就慢慢地该退休了。

课程小结

无线局域网是指应用无线通信技术将计算机设备互联起来，构成可以互相通信和实现资源共享的网络体系。无线局域网的特点是不再使用通信电缆将计算机与网络连接起来，而是通过无线的方式连接，从而使网络的构建和终端的移动更加灵活。家庭局域网就是无线局域网最典型的应用场景之一，通过介绍家庭版无线路由器的配置，让学生了解到无线局域网技术以及路由器的功能。

一、选择题

1. (单选题)ADSL 技术主要解决的问题是 (　　)。

A. 宽带传输　　　　　　　　B. 宽带接入

C. 宽带交换　　　　　　　　D. 多媒体技术

2. (单选题) 卫星通信的主要缺点是 (　　)。

A. 经济代价大　　　　　　　B. 传播延迟时间长

C. 易受干扰，可靠性差　　　D. 传输速率低

3. (单选题)WLAN 技术使用了哪种传输介质？ (　　)

A. 无线电波　　　　　　　　B. 双绞线

C. 光波　　　　　　　　　　D. 沙浪

4. (单选题)IP 地址由一组 (　　) 比特的二进制数字组成。

A. 8　　　　　　　　　　　B. 16

C. 32　　　　　　　　　　　D. 64

5. (多选题) 目前无线局域网主要应用在哪些方面？ (　　)

A. 医疗　　　　　　　　　　B. 餐饮

C. 监视系统　　　　　　　　D. 展示会场

6. (多选题)WLAN 的组成结构包括 (　　)。

A. 对等模式　　　　　　　　B. 广播模式

C. 无线接入点模式　　　　　D. 虚拟模式

7. (多选题)WLAN 技术的优点包括 (　　)。

A. 安装便捷　　　　　　　　B. 灵活性和移动性

C. 易于拓展　　　　　　　　D. 故障定位容易

二、简答题

1. 请查找相关资料了解 Wi-Fi 与移动 5G 技术的区别。

2. 如果不记得家用路由器设置的 Wi-Fi 密码，有什么方法可以解决？

3. 观察自己家的无线路由器有几根天线，并讨论如何选择路由器？

4. 如图 2-2-13 和图 2-2-14 所示的两个户型，请规划无线路由器的最佳摆放位置，并从表 2-2-4 和表 2-2-5 的两款路由器中选择一款作为两个户型的无线覆盖设备，并做简要说明。

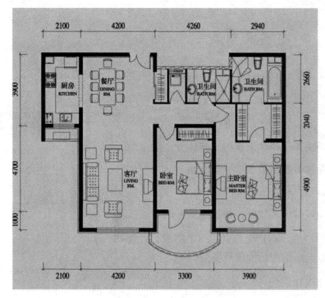

图 2-2-13　户型图 1　　　　　　　　　图 2-2-14　户型图 2

表 2-2-4　路由器 1

型号	普联TL-WDR5 20千兆版
天线	5G MIMO技术：　2x2 MIMO 2.4G MIMO技术：　2x2 MIMO 4根天线
LAN输出口	千兆网口
无线协议	Wi-Fi 5
无线速率	1200 M
WAN接入口	千兆网口

表 2-2-5　路由器 2

型号	普联TL-XDR5 430易展版
天线	5G MIMO技术：　4x4 MIMO 6根天线
LAN输出口	千兆网口
无线协议	Wi-Fi 6
无线速率	5400 M
WAN接入口	千兆网口

根据课堂学习情况和本任务知识点，进行评价打分，如表 2-2-6 所示。

表2-2-6 评 价 表

项目	评 分 标 准	分值	得分
接收任务	明确无线路由器选择和配置的工作任务	5	
信息收集	了解无线路由器的型号和参数的含义	15	
制订计划	工作计划合理可行，人员分工明确	10	
计划实施	掌握家庭局域网中无线路由器的配置方法	30	
	根据不同的户型，确定无线路由器的摆放，并能够判断不同地方无线路由器的信号覆盖情况	30	
质量检查	按照要求完成相应任务	5	
评价反馈	经验总结到位，合理评价	5	

项目三

网络规划与设计

Computer Network

任务 3.1 网络需求分析与设计原则

姓名：	班级：	学号：	日期：

 教学目标

1. 能力目标

能够根据网络系统需求报告，分析其可行性；能够遵循网络系统总体设计原则，设计出满足用户需求的网络系统。

2. 知识目标

了解网络需求分析需要考虑的要素，理解网络系统可行性分析的原因，掌握网络系统总体设计原则。

3. 素质目标

具有网络工程的应用能力。

4. 思政目标

在设计过程中培养学生独立分析问题和解决问题的能力，从而提高学生网络工程的应用能力。

 任务下发

网络系统需求分析包括问题定义与系统调研。首先问题定义需要考虑地理布局、用户设备类型、网络服务、通信类型、通信量、网络容量和性能。其次根据与用户交流、问卷调查等手段进行系统调研，分析系统的可行性，包括网络认同和描述、网络的优点或所能带来的好处、组织机构和现有网络当前的状况等信息。最后要根据网络系统总体设计原则进行企业网络的设计，包括网络体系结构、子网划分、网络拓扑结构、网络设备的选择。

小张作为网络规划工程师，需要根据企业的需求设计出满足要求且绿色健康的方案。

企业网络往往跨越了多个物理区域，所以需要使用远程互联技术连接企业总部和分支机构，从而使得出差的员工能随时随地接入企业网络，实现移动办公，企业的合作伙伴和客户也能够及时高效地访问到企业的相应资源及工具。企业网络对业务的连续性要求很高，所以通常会通过网络冗余备份来保证网络的可用性和稳定性，从而保障企业的日常业务运营。企业网络采用模块化设计能够有效实现网络隔离并简化网络维护，避免某一区域产生的故障影响到整个网络。

素质小课堂

网络技术与计算机技术的快速发展，为搭建局域网提供了有力的基础，由于企业办公过程与网络技术的支持密不可分，因此，企业更加重视局域网搭建过程的科学性与合理性。所以，学生们在组建小型企业网络，需要了解网络需求的分析方法，以及网络系统总体的设计原则，并且要从网络体系结构、子网划分、网络拓扑结构设计等方面进行综合考虑。

本任务是规划和设计一个小型网络，使学生全面了解和掌握网络工程规划和设计的方法，了解计算机网络工程规划与设计的一般过程，具体包括需求分析、逻辑设计、优化测试及文档编写，从而可以完成一些类似于校园网或者中小型企业网络的规划和设计，形成一个详细的设计方案。整个设计的过程，旨在培养学生独立分析问题和解决问题的能力，从而提高学生网络工程的应用能力。

知识准备

知识点1 网络系统需求分析及系统可行性分析

组网 (networking) 涉及网络工程的一系列问题，如网络规划、网络设计、网络实现、网络测试以及接入网络方式等。组网的目的是提供高效、迅速、安全而经济的服务。从使用者角度来看，组建哪种类型的网络，关键要看性能价格比。组建一个网络系统是一项复杂、费时和高投入的网络工程，应根据使用单位的需求及实际情况，结合现时的网络技术和产品，经过需求分析和市场调研，从而确定网络建设方案，依据方案有计划、有步骤、分阶段地实施网络建设活动。网络工程不仅涉及许多技术问题，同时也涉及管理、组织、经费、法律等很多其他方面的问题。组网一般可分为 4 个阶段：网络规划阶段、网络设计阶段、网络实施阶段和网络运行、管理与维护 (OA&M) 阶段，如图 3-1-1 所示。

网络规划是在用户需求分析和系统可行性分析的基础上确定网络总体方案的过程。网络规则是企业发展建设中的重要一环，既要从长远考虑，又要照顾现实。

在组网过程中，可以按照上述组网的 4 个阶段进行，即网络生命周期，也可以只使用其中的一部分。

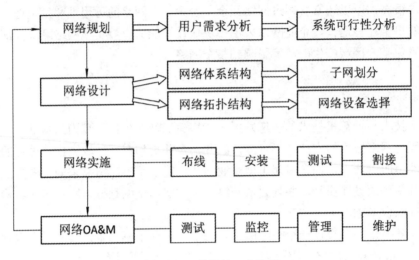

图 3-1-1　组网的 4 个阶段

1. 网络系统需求分析

1) 问题定义

任何一个单位要建立一个网络系统，总要有一个目标，或是解决一些问题。问题定义就是要确定用户使用网络解决什么问题，达到什么目的。在确定了要解决的问题之后，还需要对这些问题进行分析，以确定它们是否以及如何影响新网络的建立或原网络的升级。

2) 系统调研

问题定义中确定的问题还比较笼统、不够具体，无法确定问题之间的关系，所以需要对现有系统进行较为详细的调研，以便对问题进行准确的定义和描述。

通过对系统全面、细致的调研和分析，可从以下 5 个主要方面来明确问题定义：

(1) 地理布局：

① 网络中心 (或信息中心、计算中心) 及各种网络设备间的位置；

② 用户数量及其位置；

③ 地理范围有多大，任何两个用户间的最大传输距离；

④ 用户群组织，即在同一楼或同一楼层的用户；

⑤ 特殊需求的限制，例如有无河流、山丘、道路、建筑物等障碍，是否存在可以利用的通信介质，是否有禁区等。

(2) 用户设备类型：

① 终端数量和类型；

② 主机及服务器数量和类型；

③ 其他有关设备及其类型，如电话机、电视机、摄像机等。

(3) 网络服务：

① 数据库和程序的共享；

② 文件的传输和存取；

③ 用户之间的联系 (逻辑)；

④ 网络互联，虚拟专用网 (VPN) 要求；

⑤ 电子邮件等。

(4) 通信类型及通信量：

① 数据；

② 视频信号；

③ 音频信号。

(5) 网络容量和性能：网络容量是指任何时间间隔内网络所承载的最大通信量。网络性能则包括网络 (端到端) 时延 (响应时间)、吞吐量和网络可用性等。当网络通信量接近网络容量时，网络响应时间会加大，影响吞吐量，使网络性能变差。

2. 系统可行性分析

系统可行性分析是结合用户单位的具体目标和具体要求，论证组网的正确性和科学性，主要是对所收集的数据进行分析，并在此基础上确定网络系统的体系结构、功能和性能方面的要求。当然，这些要求要经过管理人员的同意和确认，并由网络的设计者来实现，分析结果也应尽可能地量化。由于网络要为多种类型的应用服务，必须将所有的应用信息综合在一起才能决定最后的网络设计。

在系统可行性分析工作完成之后，要形成一份分析报告，该报告要说明网络必须完成的功能和达到性能的要求。分析报告主要包括以下几个部分：

(1) 网络认同和描述：明确所采用的网络解决方案，并对方案进行适当描述。

(2) 提出的网络的优点或所能带来的好处：说明为什么采用所选网络方案，同其他解决方案相比，所选网络方案有什么好处。

(3) 组织机构和现有网络当前的状况：经过调研和分析，对该单位的组织机构和现有资源有了比较深入的了解，在此基础上做概括性的介绍。

(4) 网络运行描述：对网络运行方式进行详细描述。

(5) 数据的安全性要求：说明对系统安全性的要求有多高。没有安全性显然是不可能的，即使对安全没有太多的要求，但为了保护系统，也需要有一些安全性要求。如采用用户账户、用户标识、用户口令等措施，但如果网络应用所要处理的数据非常敏感，则必须采取其他措施，例如数据加密、安全认证系统等。需要注意的是，要保证网络系统的安全是要花费一定费用的，同时也会提高系统使用的复杂度，网络性能有所下降。

(6) 网络提供的应用：网络的建立是为了解决应用上的问题，那么网络应提供哪些应用或服务？是否能满足用户应用的要求？是否能容易地增加新的应用和服务？所以，业务驱动是网络平台得到应用的基本保证。

(7) 响应时间：响应时间是网络的主要性能之一，不同应用所要求的网络响应时间是不一样的。列出不同应用所要求的响应时间，有助于网络设计。

(8) 希望达到的可靠性：不同应用所要求的可靠性也是不一样的。对系统的可靠性要求包括：

① 对计算机系统的可靠性要求；

② 对数据传输系统的可靠性要求；

③ 对软件和数据的可靠性要求。

网络设备的可靠性一般用平均无故障时间 (MTBF) 来表示，MTBF 越长，表示可靠性越高。而网络的可靠性则用网络可用性来表示。

(9) 网络支持的通信负载：即要求网络有多大的通信容量，一般用比特每秒 (bit/s) 来表示。需要注意的是，通信负载包括所有应用的通信要求。

(10) 节点的地理分布：在给定网络拓扑结构后，标出网络节点的地理分布，即有多少个节点、分布在什么位置上、地理范围有多大等。

(11) 扩展性要求：扩展性要求包括网络扩展后增加了多少设备、多少用户、多少应用，联网范围扩大了多少，要与哪些类型的网络互联等。

当然，在分析报告中还可以增加很多其他要求，这些要求的数量和复杂性是随着所推荐的网络的类型和规模的不同而变化的。系统可行性分析的基本因素是投资成本，通常是在方案设计之后才能确定。对多种设计方案进行比较，可使决策者确定优选方案。

知识点2 网络系统总体设计原则

在网络生命周期中，网络设计阶段是最费时的阶段之一，也是最关键的阶段。此阶段完成的好坏也就决定了网络性能的好坏。

网络设计阶段主要完成如下内容：

(1) 网络系统的结构和组成设计。

(2) 网络方案的选择。

(3) 拓扑结构的选择。

(4) 设备及通信线路选择。

(5) 绘出网络逻辑结构图。

在网络设计工作完成之后要形成设计报告，该报告作为网络实现、运行、管理与维护、升级等的基础或基本框架。

1. 网络体系结构

网络设计的第一步是选择网络体系结构，核心内容是决策所用的协议集合。网络体系结构决定了网络拓扑结构，而拓扑结构决定网络所采用的传输介质及网络产品。

常用的网络体系结构主要有 ISO/OSI、TCP/IP、SNA、DNA 等。ISO/OSI 尽管是国际标准，但没有成型的产品，而 TCP/IP 目前已成为事实上的国际工业标准，并得到了广泛的应用。

2. 子网划分

通常在设计一个单位的网络时要进行子网划分。如果所有节点都在同一网段上，不仅不方便管理，同时会影响网络使用的效率。另外，不便于对带宽的划分，同一单位不同部门的信息不能进行隔离。子网划分的选择，一般采用虚拟局域网 (Virtual Local Area Network，VLAN) 技术或者虚拟专用网技术。子网划分的过程中需要明确两个问题：第一，子网需要分成几个网段和子网；第二，每个子网或网段连接哪些区域的哪些网络设备。

网络设计完毕后，应该用一张图表示网络体系结构和设计结果，该图应说明分为几层、每层基本功能、各层所采用的协议等。

3. 网络拓扑结构

网络拓扑结构的设计主要是确定各种设备以什么方式相互连接起来。网络拓扑结构是指网络的几何形状，而不是其地理位置或实现技术，是网络物理结构的逻辑表示。在设计网络拓扑结构时应考虑网络的规模、网络的体系结构、所采用的协议、网络设备类型，以及扩展和升级、管理、维护等各方面的因素。拓扑结构的设计将直接影响网络的性能。

网络拓扑结构设计通常采用分层的、模块化的模型进行设计，可分为以下三层：

(1) 主干层：通常由大容量的核心交换机、路由器或三层交换机组成主干网。

(2) 汇聚层：也称分布层或转接层，由交换机、路由器或三层交换机构成。

(3) 接入层：也称访问层，可由局域网方式 (如以太交换机)、拨号方式或无线接入方式支持用户连接入网。

4. 网络设备的选择

网络系统的组成包括网络硬件和网络软件。网络硬件主要包括网络服务器、工作站、外设、网卡、传输介质、路由器、交换机、网关和防火墙等。网络软件主要是网络操作系统、数据库软件及满足特定应用要求的网络应用软件。网络硬件和网络软件应根据设计需求选择。

任务实施

网络规划体验

　　某公司设置了企业总部和分部，企业总部为核心网络，要求设备进行冗余备份，提高网络的可靠性。企业分部跨越了多个物理区域，所以需要使用远程互联技术来连接企业总部和分支机构，从而使得出差的员工能随时随地接入企业网络，实现移动办公，企业的合作伙伴和客户也能够及时高效地访问到企业的相应资源及工具。其中企业的合作伙伴需要设置不同的网段，实现合作伙伴可以访问总部资源，但是合作伙伴之间无法实现互联互通。另外局域网需要设置环路保护功能，避免因为新加入的合作伙伴网络影响原有网络的稳定性。

　　根据以上需求，首先需要选择合适的网络设备，在合作伙伴和企业分部之间设置不同的虚拟局域网，紧接着在交换机之间设置多实例生成树，避免环路问题。企业核心网设置路由备份协议，实现设备冗余备份，接下来进行 IP 地址规划，并绘制规划设计图纸，如图 3-1-2 所示。

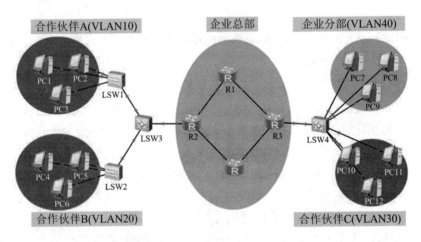

图 3-1-2　企业网络规划设计图纸

　　通过网络方案的设计，引导学生在做网络工程方案的过程中，灵活运用局域网和互联网的协议解决网络问题，提高网络的健壮性和可靠性。只有绿色健康的技术方案，才能真正实现优质高效的网络工程。

知识拓展

生成树技术

　　在网络规划过程中，为了提高网络可靠性，交换网络中通常会使用冗余链路。然

而，冗余链路会给交换网络带来环路风险，并导致广播风暴以及 MAC 地址表不稳定等问题，进而会影响到用户的通信质量。生成树协议 (Spanning Tree Protocol，STP) 可以在提高网络可靠性的同时又能避免环路带来的各种问题。

STP 虽然能够解决环路问题，但是收敛速度慢，影响了用户通信质量。如果 STP 网络的拓扑结构频繁变化，网络也会频繁失去连通性，从而导致用户通信频繁中断。IEEE 于 2001 年发布的 802.1w 标准定义了快速生成树协议 (Rapid Spanning-Tree Protocol，RSTP)，RSTP 在 STP 基础上进行了改进，实现了网络拓扑快速收敛。

与众多协议的发展过程一样，STP 也是随着网络的发展而不断更新的，从最初的 IEEE 802.1D 中定义的 STP 到 IEEE 802.1w 中定义的 RSTP，再到最新的 IEEE 802.1s 中定义的多生成树协议 (Multiple Spanning Tree Protocol，MSTP)。MSTP 兼容 STP 和 RSTP，既可以快速收敛，又提供了数据转发的多个冗余路径，在数据转发过程中实现 VLAN 数据的负载均衡。

生成树技术可以在不升级硬件或者单板的情况下，避免局域网环路问题，并提供负载分担等流量均衡方式，是一种绿色高效的网络技术。

 课程小结

组建一个网络系统是一项复杂、费时和高投入的网络工程，它涉及网络工程的一系列问题，如网络规划、网络设计、网络实现、网络测试以及接入网络方式等。网络组建的好坏决定了网络的性能。组网一般可分为 4 个阶段：网络规划阶段、网络设计阶段、网络实施阶段和网络运行、管理与维护阶段。

一、选择题

1. (多选题) 网络系统需求分析包括 (　　) 步骤。

A. 问题定义　　　　　　　　　　B. 需求分析

C. 产品设计　　　　　　　　　　D. 系统调研

2. (多选题) 网络系统总体设计原则需要考虑 (　　) 方面。

A. 网络拓扑结构　　　　　　　　B. 子网划分

C. 网络设备的选择　　　　　　　D. 网络体系结构

3. (多选题) 网络设计阶段主要完成 (　　) 内容。

A. 网络系统的结构和组成设计　　B. 网络方案的选择

C. 拓扑结构的选择　　　　　　　D. 设备及通信线路选择

E. 绘出网络逻辑结构图

二、简答题

1. 简述网络规划与网络设计的主要内容。

2. 网络设计过程分为哪几个阶段？分别阐述这几个阶段的设计内容。

3. 把一个大的网络划分为若干子网，有哪几种方法？

4. 网络拓扑结构设计通常采用分层的、模块化的模型进行设计，分为哪几层？分别阐述每一层的功能。

评 价 反 馈

根据课堂学习情况和本任务知识点，进行评价打分，如表 3-1-1 所示。

表3-1-1 评 价 表

项目	评 分 标 准	分值	得分
接收任务	明确根据网络需求报告，分析系统可行性，并设计网络系统的工作任务	5	
信息收集	掌握网络系统需求分析等相关知识	15	
制订计划	工作计划合理可行，人员分工明确	10	
计划实施	了解网络系统需求分析需要考虑的要素	30	
	能够依据网络系统的总体设计原则进行网络规划	30	
质量检查	按照要求完成相应任务	5	
评价反馈	经验总结到位，合理评价	5	

任务 3.2　网络互联的概念

姓名：	班级：	学号：	日期：

教学目标

1. 能力目标

能够根据网络系统需求报告，选择合适的网络互联设备。

2. 知识目标

了解网络互联的概念，理解网络互联的优点，掌握网络互联设备的基本功能。

3. 素质目标

能够根据网络互联的应用场景，选择合适的网络互联设备。

4. 思政目标

引导学生理解"构建网络空间命运共同体"的理念，通过网络互联为全球互联网发展贡献中国智慧、中国方案。

任务下发

结合以下几种应用场景，查阅资料并选择对应的网络互联设备，阐述设备的用途，完成表 3-2-1。

表 3-2-1　选择网络互联设备

序号	场　景	设备选择	设备用途
1	如果你只有一个账号或 IP 地址想多台机器同时上网		
2	如果你只有三根网线，想实现三台终端的局域网通信		
3	如果某个局域网中，想实现某个网址在固定时间段不被访问		

素质小课堂

2015 年，国家主席习近平在第二届世界互联网大会首次提出"构建网络空间命运共同体"理念，深入阐释互联网发展治理"四项原则"和"五点主张"，得到国际社会广泛关注和普遍认同，已经成为世界互联网大会永久主题。构建网络空间命运共同体，是人类命运共同体理念在网络空间的具体体现和重要实践，彰显了对人类共同福祉的高度关切，反映了国际社会的共同期待，为推动全球互联网发展治理贡献了中国智慧、中国方案。

构建网络空间命运共同体，就是要把网络空间建设成造福全人类的发展共同体、安全共同体、责任共同体、利益共同体。我们倡议世界各国政府和人民顺应信息时代潮流，把握数字化、网络化、智能化发展契机，积极应对网络空间风险挑战，实现发展共同推进、安全共同维护、治理共同参与、成果共同分享。

 知识准备

知识点1 初识网络互联

随着计算机技术、计算机网络技术和通信技术的飞速发展，单一网络环境已经不能满足社会对信息网络的需求，人们需要一个将多个计算机网络互联在一起的更大的网络，以实现更广泛的资源共享和信息交流。Internet 的巨大成功和人们对接入Internet 的热情都充分证明了计算机网络互联的重要性。网络互联的核心是网络之间的硬件连接和网间互联协议，掌握网络互联的基本知识是进一步深入学习网络应用技术的前提。

1. 网络互联的概念

如图 3-2-1 所示，网络互联是指将分布在不同地理位置、使用不同数据链路层协议的单个网络通过网络互联进行连接，以此建立一个更大规模的互联网络系统。网络互联的目的是使处于不同网络上的用户能够相互通信和相互交流，以实现更大范围的数据通信和资源共享。

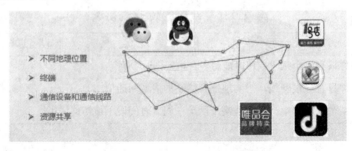

图 3-2-1　网络互联的示意图

网络互联的优点如下：

(1) 扩大资源共享的范围。将多个计算机网络互联起来就构成了一个更大的网络

Internet，Internet 上的用户只要遵循相同的协议，就能相互通信，并且 Internet 上的资源也可以被更多的用户所共享。

(2) 提高网络的性能。总线型网络随着用户数的增多，冲突的概率和数据的发送延迟会显著增大，网络性能也会随之降低。如果采用子网自治和子网互联的方法就可以缩小冲突域，有效提高网络性能。

(3) 降低联网的成本。当同地区的多台主机希望接入另一地区的某个网络时，一般都采用先行联网 (构成局域网)，再通过网络互联技术和其他网络连接的方法，大大降低联网成本。例如，某个部门有 N 台主机要接入公共数据网，可以向电信部申请 N 个端口，连接 N 条线路来实现联网的目的，但成本远比 N 台主机先行联网，再通过一条或少数几条线路连入公共数据网要高。

(4) 提高网络的安全性。将具有相同权限的主机组成一个网络，在网络互联设备上严格控制其他用户对该网络的访问，从而提高网络安全性。

(5) 提高网络的可靠性。设备的故障可能导致整个网络的瘫痪，而通过划分子网的方法可以有效地限制故障对网络的影响范围。

2. 网络互联的要求

互联在一起的网络要进行通信，会遇到许多问题，如不同的寻址方式、不同的分组限制、不同的访问控制机制、不同的网络连接方式、不同的超时控制、不同的路由选择技术和不同的服务等。因此网络互联除了要为不同子网之间的通信提供路径选择和数据交换功能之外，还应采取措施屏蔽或者容纳这些差异，力求在不修改互联在一起的各网络原有结构和协议的基础上，利用网间互联设备协调和适配各个网络的差异。另外，网络互联还应考虑虚拟网络的划分、不同子网的差错恢复机制对全网的影响、不同子网的用户接入限制和通过互联设备对网络的流量控制等问题。

3. 网络互联的类型

计算机网络根据覆盖范围可以分为局域网、城域网和广域网。网络互联的类型主要有以下几种：

1) 局域网 – 局域网

在实际的网络应用中局域网 – 局域网互联 (LAN-LAN) 是最常见的一种，其结构如图 3-2-2 所示。

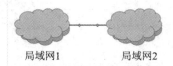

局域网1　　　　局域网2

图 3-2-2　局域网 – 局域网互联

局域网－局域网互联一般又可分为以下两种：

(1) 同种局域网互联。同种局域网互联是指符合相同协议的局域网之间的互联。例如，两个以太网之间的互联，或是两个令牌环网之间的互联。

(2) 异种局域网互联。异种局域网互联是指不符合相同协议的局域网之间的互联。例如，一个以太网和一个令牌环网之间的互联，或是令牌环网和 ATM 网络之间的互联。

局域网－局域网互联可利用网桥来实现，但是网桥必须支持互联网络使用的协议。

2) 局域网－广域网互联 (LAN-WAN)

局域网－广域网互联也是常见的网络互联方式之一，其结构如图 3-2-3 所示。局域网－广域网互联一般可以通过路由器或网关来实现。

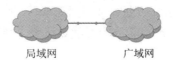

局域网　　　　广域网

图 3-2-3　局域网－广域网互联

3) 局域网－广域网－局域网互联 (LAN-WAN-LAN)

将两个分布在不同地理位置的局域网通过广域网互联，也是常见的网络互联方式，其结构如图 3-2-4 所示。局域网－广域网－局域网互联可以通过路由器和网关来实现。

局域网1　　　　　　广域网　　　　　　局域网2

图 3-2-4　局域网－广域网－局域网互联

4) 广域网－广域网互联 (WAN-WAN)

广域网与广域网之间的互联也可以通过路由器和网关来实现，其结构如图 3-2-5 所示。

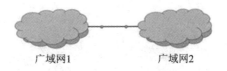

广域网1　　　　　　广域网2

图 3-2-5　广域网－广域网互联

知识点2 典型的网络互联设备

网络互联的目的是实现网络间的通信和更大范围的资源共享。但是，不同的网络使用的网络协议不一样，因此网络间的通信需要依靠一个中间设备进行协议转换，这种转换既可以由软件实现又可以由硬件实现。但是软件的转换速度太慢，因此在网络互联中，往往都是使用硬件设备来完成网络间的互联。网络互联的方式有多种，相应的网络互联设备也不尽相同，常用的网络互联设备有中继器、网桥、网关和路由器，其中中继器已经在前面内容介绍过，这里不再赘述。

1. 网桥

从字面意思上来讲网桥即"牵线搭桥"，目的是延伸网线，这是它的功能性描述。在介绍网桥之前，先了解集线器，集线器通常有多个端口，可以接入多台电脑，这个黑盒子使多台电脑连接在一起，其内部工作原理类似信号放大器。随着以太网的流行，其设计目标是终端使用一个网络接口，可以实现与多个终端互联互通，所以集线器得到了广泛的应用，但是集线器就像一个大喇叭，收到了任何消息，直接向所有的端口转发，导致广播风暴，影响信号的传输质量。在这样的背景下，网桥应运而生，它在集线器的基础上，添加了 MAC 地址学习功能，避免了集线器向所有端口发送广播的弊端。

网桥是一种在 OSI 参考模型数据链路层实现局域网之间互联的设备，网桥对数据帧进行存储转发，将两个或更多的物理网络连接起来，构成一个逻辑局域网络，以实现网络互联。网桥的主要作用是通过将两个以上的局域网互联为一个逻辑网，达到减少局域网上的通信量，提高整个网络系统性能的目的。

网桥并不是复杂的网络互联设备，其工作原理比较简单。当网桥收到一个数据帧后，会先将其传输到数据链路层进行分析和差错校验，根据该数据帧的 MAC 地段来决定是删除这个帧还是转发这个帧。如果发送方和接收方处于同一个物理网络（网桥的同侧），则网桥将该数据帧删除，不进行转发。如果发送方和接收方处于不同的物理网络，则网桥进行路径选择，通过物理层传输机制和指定的路径将该帧转发到目的局域网。在转发数据帧之前，网桥对帧的格式和内容不做或只做少量的修改。

那么网桥的工作原理看起来似乎和交换机一样，具有帧转发、帧过滤和生成树算法功能。但是，网桥与交换机相比还是存在以下不同的：

(1) 端口数量的区别。网桥一般有两个端口，而交换机具有高密度的端口。交换机工作时，允许许多组端口间的通道同时工作。所以，交换机的功能不仅仅是一个网桥的功能，而是多个网桥功能的集合。

(2) 分段能力的区别。网桥仅仅支持两个端口，所以，网桥划分的物理网段是相当有限的，而交换机能够支持多个端口，因此可以把网络系统划分成更多的物理网段，这样使得整个网络系统具有更高的带宽。

(3) 传输速率的区别。交换机处理数据信息的速率要快于网桥。

(4) 数据帧转发方式的区别。网桥在发送数据帧前，通常要接收到完整的数据帧并执行帧检测序列 FCS 后，才开始转发该数据帧。交换机具有存储转发和直接转发两种帧转发方式。直接转发方式在发送数据以前，不需要接收完整数据帧和经过 32 bit 循环冗余校验码 (CRC) 计算检查后的等待时间。

综上所述，网桥和交换机的基本功能一致，但是从综合性能考虑，交换机优于网桥，交换机是多个网桥的集合。

2. 网关

网关 (gateway) 又称作网间连接器和协议转换器。网关在网络层以上实现网络互联，是复杂的网络互联设备，仅用于两个高层协议不同的网络互联。网关既可以用于广域网互联，也可以用于局域网互联。网关是一种充当转换重任的计算机系统或设备，使用在不同的通信协议、数据格式或语言，甚至体系结构完全不同的两种系统之间，网关是一个翻译器。与网桥只是简单地传达信息不同，网关对收到的信息要重新打包，以适应目的系统的需求。

按照不同的标准可以将网关分成不同的类型，比如按照连接网络划分，网关可以分为以下几种类型：

(1) 局域网 / 主机网关。局域网 / 主机网关主要在大型计算机系统和个人计算机之间提供连接服务。

(2) 局域网 / 局域网网关。这种类型的网关与局域网 / 主机网关类似，不同的是这种网关主要用于连接多个使用不同通信协议或数据传输格式的局域网。目前大多数网关都是属于这类网关。

(3) 因特网 / 局域网网关。这种网关主要用于局域网和因特网间的访问和连接控制。

按照产品功能划分，网关又可以分为以下几种类型：

(1) 数据网关。数据网关通常在多个使用不同协议及数据格式的网络间提供数据转换功能。

(2) 应用网关。应用网关是在使用不同数据格式的环境中，进行数据翻译功能的专用系统。

(3) 安全网关。安全网关是各种提供系统 (或者网络) 安全保障的硬件设备或软件应用的统称，它是各种技术的有机结合，保护范围从低层次的协议数据包到高层次的具体应用。

以下设备可以作为网关使用：

(1) 具有三层交换功能的网络交换机。

(2) 路由器。

(3) 防火墙。

(4) 通过软件开启了路由功能的主机。

总的来说，只要具备路由功能的网络设备或是主机设备都可以作为网关使用。

3. 路由器

路由器是连接两个或多个网络的硬件设备，在网络间起网关的作用，是读取每一个数据包中的地址然后决定如何传送的专用智能性的网络设备。路由器的功能如下：

(1) 路由与转发功能。收集网络拓扑信息形成路由表，根据转发原则转发数据包。

(2) 路由器能够隔离广播域，避免广播风暴。

(3) 路由器能够实现异种网络互联，包括不同局域网技术 (ATM、FDDI) 的网络互联和不同子网段网络间的互联。

接下来介绍路由器的演化历史。

1) 第一代路由器 (集中转发，固定接口)

最初的 IP 网络并不大，网关需要连接的设备及其需要处理的负载也很小。如图 3-2-6 所示，这个时候路由器基本上可以用一台计算机插多块网络接口卡的方式来实现。网络接口卡与中央处理器 (CPU) 之间通过内部总线相连，CPU 负责所有事务处理，包括路由收集、转发处理和设备管理等。网络接口收到报文后通过内部总线传递给 CPU，由 CPU 完成所有处理后从另一个网络接口传递出去。

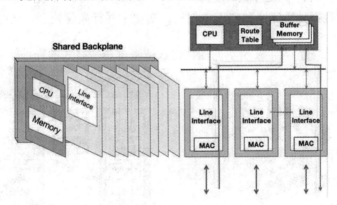

图 3-2-6 第一代路由器

2) 第二代路由器 (集中 + 分布转发，接口模块化，总线交换等技术)

由于每个报文都要经过总线传送给 CPU 处理，随着网络用户的增多，网络流量不断增大，接口数量、总线带宽和 CPU 的瓶颈效应越来越突出。那么如何提高网络接口数量，如何降低 CPU、总线的负担成为一个瓶颈问题。如图 3-2-7 所示，为了解决这个问题，第二代路由器在网络接口卡上进行一些智能化处理。由于网络用户通常只会访问少数的几个地方，因此可以考虑把少数常用的路由信息采用 Cache 技术保留在业务接口卡上，这样大多数报文就可以直接通过业务板 Cache 的路由表进行转发，以减少对总线和 CPU 的需求。

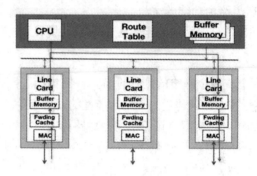

图 3-2-7   第二代路由器

3）第三代路由器（分布转发，总线交换）

20 世纪 90 年代出现的 Web 技术使 IP 网络得到了迅猛发展，用户的访问面获得了极大的拓宽，于是经常出现无法从 Cache 找到路由的现象，总线、CPU 的瓶颈效应再次出现。另外，由于用户的增加和路由器接口数量不足引发的问题也再次暴露。为了解决这些问题，第三代路由器应运而生。如图 3-2-8 所示，第三代路由器采用全分布式结构，路由与转发分离的技术，主控板负责整个设备的管理和路由的收集，并把计算形成的转发表下发到各业务板。另外总线技术也得到了较大的发展，通过总线、业务板之间的数据转发完全独立于主控板，实现了并行高速处理，使得路由器的处理性能成倍提高。

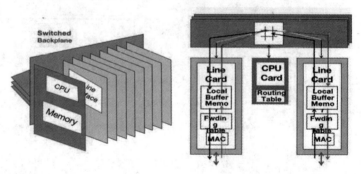

图 3-2-8   第三代路由器

4）第四代路由器（基于 ASIC 与交换矩阵）

20 世纪 90 年代中后期，随着 IP 网络的商业化，Web 技术出现以后，Internet 技术得到空前的发展，Internet 用户迅猛增加，网络流量特别是核心网络的流量以指数级增长，传统的基于软件的 IP 路由器已经无法满足网络发展的需要。于是一些厂商提出了 ASIC 实现方式，把转发过程的所有细节全部采用硬件方式来实现，如图 3-2-9 所示。另外在交换网上采用了 Crossbar 或共享内存的方式解决了内部交换的问题。这样，路由器的性能达到千兆比特，即早期的千兆交换式路由器 (Gigabit Switch Router，GSR)。

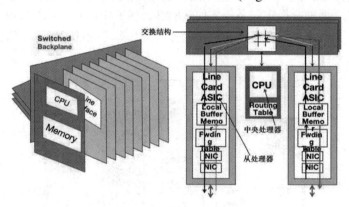

图 3-2-9　第四代路由器

5) 第五代路由器 (网络处理器分布转发，网络交换)

近期 MPLS VPN 技术逐步成为热门，运营商需要在骨干网、城域网中开启 MPLS VPN 业务，这时发现原来在骨干网应用的第四代路由器无法提供高性能的虚拟专用网业务，需要全面升级或另外建设专门的虚拟专用网承载网络。在当前带宽已经不是主要矛盾，业务应用为王的运营环境中，ASIC 固有的灵活性差、业务支持不足的问题成为路由器发展的主要矛盾。新的需要带来新的矛盾，就又会造就新的发展，网络处理器技术的兴起，促使了第五代路由器的出现，如图 3-2-10 所示。

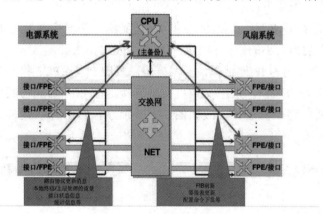

图 3-2-10　第五代路由器

6) 集群路由器

集群路由器体系结构是解决高性能路由器所面临问题的一个有效途径，它由若干个路由器节点构成，包含了多个路由实体和交换实体，它的交换结构由多个交换结构聚合而成，具有分布式的特点，能够满足性能、规模和可扩展性的要求。

如图 3-2-11 所示，集群路由器，又称路由器矩阵或多机框 (multi-chasis) 互联，即通过并行交换技术，将两台或两台以上的普通核心路由器通过某种方式连接，共同组成一个多级多平面的交换矩阵系统，使其能够协同工作，并且对外只表现为一台逻辑路由器，从而突破单机箱在交换容量、功耗、散热等方面的限制，平滑扩展为更大容量的路由交换系统。

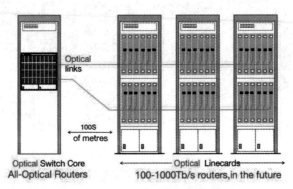

图 3-2-11 集群路由器

 任务实施

网络设备规划体验

根据如图 3-2-12 所示的网络拓扑图，选择合适的网络互联设备，实现 4 台终端互联互通。配置要求如下：

(1) 每个终端都必须有一个网卡，即网络适配器，整理终端上发往网络上的数据，并将数据分解为适当大小的数据包之后向网络上发送出去。

(2) 观察 4 台终端的 IP 地址以及子网掩码，发现 PC1、PC2 和 PC3 属于同一个网络，通过前面学习的知识，采用交换机实现连接，而 PC4 明显与其他 3 台终端不在一个网络，需要用路由器连接。故如图 3-2-13 所示，网络互联设备选取交换机和路由器，实现全网通。

图 3-2-12 网络拓扑图

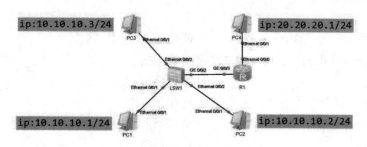

图 3-2-13　网络互联设备选取

智擎芯片

云计算、5G 和物联网 (IoT) 等新技术蓬勃发展对网络连接提出了更高要求，实现从连接到智能联接的转变，是迈向云时代过程中必须要解决的问题。站在网络变革的风口，高端路由器作为组网的关键基础设施，是实现智能联接的重要设备。

目前国内通过自主研发智擎 660 芯片，不断创新 Comware 网络操作系统，实现路由器产品的快速推出与迭代，以满足不断变化的市场需求。面对 5G 和云时代业务承载新需求，网络设备厂商不忘初心，始终保持前进姿态，积极推动关键技术落地，产品更新迭代，助力运营商网络建设。

如今，在核心路由器全面进入运营商市场的同时，下一代智擎芯片将使用更先进的工艺和更先进的封装技术，刷新智能网络处理器的性能高度，相信智擎芯片也将实现对高端路由器和核心路由器所有产品的覆盖，在运营商市场中被广泛应用。

 课程小结

网络互联是指把分布在不同地理位置的网络、设备连接起来，以构成更大规模的网络，从而最大程度地实现资源共享。网络互联包括三个方面的含义，即互连、互通和互操作。网络互联的类型有 LAN-LAN、LAN-WAN、LAN-WAN-LAN 和 WAN-WAN，其中 LAN-LAN 互联既可以是同种协议的局域网互联，也可以是异种协议的局域网互联。网络互联常用的设备有：中继器、集中器、交换机、网桥、路由器和网关。局域网中必要的互联设备是网卡，而广域网中互联设备是路由器。

一、选择题

1. (单选题) 下面给定的设备中，(　　) 不是工作在 OSI 7 层参考模型中的数据

链路层的。

    A. 集线器　　　　　B. 网卡　　　　　C. 路由器　　　　D. 网桥

    2. (单选题) 路由器工作在 OSI 7 层参考模型的 (　　)。

    A. 传输层　　　　　　　　　　B. 数据链路层

    C. 网络层　　　　　　　　　　D. 会话层

    3. (单选题) 交换机工作在 OSI 7 层参考模型的 (　　)。

    A. 传输层　　　　　　　　　　B. 数据链路层

    C. 网络层　　　　　　　　　　D. 会话层

    4. (单选题) 计算机利用电话线路连接 Internet 网络时必备的设备是 (　　)。

    A. 集线器　　　　　B. 网卡　　　　　C. 路由器　　　　D. 调制解调器

    5. (单选题) 如果将多个局域网络互联起来，且希望局域网的广播信息能很好地隔离开，那么最简单的方法是采用 (　　) 设备连接。

    A. 集线器　　　　　B. 网卡　　　　　C. 路由器　　　　D. 网桥

    6. (多选题) 网络互联的类型包括 (　　)。

    A. LAN-LAN　　　　　　　　B. LAN-WAN

    C. LAN-WAN-LAN　　　　　　D. WAN-WAN

二、简答题

    1. 网络互联的类型有哪几类？

    2. 网桥工作在 OSI 7 层参考模型的哪一层？简述网桥与交换机的区别。

    3. 简述路由器的功能。

评 价 反 馈

根据课堂学习情况和本任务知识点，进行评价打分，如表 3-2-2 所示。

表3-2-2　评 价 表

项目	评分标准	分值	得分
接收任务	明确根据不同的应用场合，选择合适的网络连接设备的工作任务	5	
信息收集	掌握网络互联要求以及设备相关知识	15	
制订计划	工作计划合理可行，人员分工明确	10	
计划实施	了解网络互联的要求，根据场景分辨网络互联的类型	30	
	选择适合不同场景需求的网络互联设备	30	
质量检查	按照要求完成相应任务	5	
评价反馈	经验总结到位，合理评价	5	

任务 3.3 IP 地址

姓名：	班级：	学号：	日期：

 教学目标

1. 能力目标

能够根据互联网络的规模和需求，设计绿色健康的 IP 地址规划方案。

2. 知识目标

掌握 IP 地址的作用和分类，理解 ARP 协议的作用，了解 IPv6 新特征的应用场合。

3. 素质目标

具有 IPv4 和 IPv6 地址辨别能力；能够根据设备接入网络的场景，选配合适的
ARP 协议或者 RARP 协议。

4. 思政目标

我国的 IPv6 地址数量世界排名第一，激发学生的民族自豪感。

 任务下发

假设某学校的通信院系准备新建 3 个实训室，每个实训室的主机数量分别为 62
台、48 台和 50 台。现给一 C 类网络地址 192.168.1.0/24，小张作为网络运行维护人员，
需要把网络地址分配给这 3 个实训室使用，并标识出每个实训室的可用网络范围。通
过上网收集资料，请分析该 C 类 IP 地址可以分配的主机数，对此 IP 地址进行进一步
划分，并把相关信息填写到任务表 3-3-1 中。

表 3-3-1 任 务 表

序号	名称	网络地址	实训室可用的IP地址的范围
1	实训室1		
2	实训室2		
3	实训室3		

素质小课堂

2021 年 4 月 1 日，中国教育网申请获批一个 /20 地址块 (240a:a000::)，即国家重大科技基础设施建设项目"未来互联网试验设施 (Future Internet Technology Infrastructure，FITI)"，它获得亚太互联网信息中心 APNIC 分配的 /20 超大规模 IPv6 地址块 (相当于 4096 个 /32 地址)，此次获得地址数量使得我国 IPv6 地址总数跃居全球第一。截至 2021 年 4 月 8 日，中国总共获得 IPv6 地址块数量为 59 039 个，目前排名第二的美国拥有 57 785 个。

知识准备

知识点1　初识IP地址

1. 二进制与十进制

在学习 IP 地址与子网划分之前，要求学生能够熟练地掌握二进制与十进制的互相转换。十进制是我们从小就开始学习的知识，可以说非常熟悉，之所以使用这么广泛，很有可能跟我们有十根手指有关。所谓十进制，就是数值的每一位都由 0 ～ 9 组成，共有 10 种状态，逢十进一。二进制在生活中可以说基本用不到，但是它是计算机底层的编码语言，即机器语言，数值的每一位都由 0 或 1 两种状态组成，逢二进一。

2. 二进制与十进制之间的转化规律

无论是二进制转为十进制，还是十进制转为二进制，都可以按照表 3-3-2 中的规律进行转换，这种方法比传统的除 2 取模计算要简单得多。一个十进制数可以转换为 8 位二进制数，从低位到高位基数分别是 2^0，2^1，2^2，2^3，2^4，2^5，2^6，2^7。

表 3-3-2　二进制与十进制之间的转化

2^7	2^6	2^5	2^4	2^3	2^2	2^1	2^0
128	64	32	16	8	4	2	1

例：把十进制数 100 转换为二进制数，依据表 3-3-2 得 100 = 64 + 32 + 4，则把 64，32，4 这三个数对应的二进制位置为 1，其余二进制数位置为 0。计算结果如表 3-3-3 所示，将 100 转换为二进制数是 01100100。

表 3-3-3　100 转换为二进制的累加方法

128	64	32	16	8	4	2	1
0	1	1	0	0	1	0	0

把十进制数 63 转换为二进制数，则只需把 64 后面所有的二进制数位置为 1，其余置为 0，如表 3-3-4 所示，63 转换为二进制数结果是 00111111。

表 3-3-4 63 转换为二进制的累加方法

128	64	32	16	8	4	2	1
0	0	1	1	1	1	1	1

把二进制数 11110000 转换为十进制数，查表 3-3-2 得 128 + 64 + 32 + 16 = 240，所以二进制 11110000 转换成十进制数是 240。

3. IP 地址与 MAC 地址的关系

既然计算机的网卡已经有物理地址 (MAC 地址) 了，那为什么还需要 IP 地址呢？这是很多初学者会问到的问题。如图 3-3-1 所示，网络中有三个网段，一个交换机对应一个网段，使用两个路由器连接这三个网段。如果计算机 A 给计算机 F 发送一个数据包，则必须在网络层给数据包添加源 IP 地址 (10.10.10.1) 和目的 IP 地址 (20.20.20.1)。

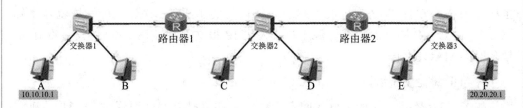

图 3-3-1 简单网络架构图

该数据包要想到达计算机 F，要经过路由器 1 转发，那数据包如何封装才能让交换机 1 转发到路由器 1 呢？答案是需要在数据链路层添加 MAC 地址，源 MAC 地址为主机 A 的 MAC 地址，目标 MAC 地址为路由器 1 左边接口的 MAC 地址，路由器 1 收到该数据包，需要将该数据包转发到路由器 2，这就要求将数据包重新封装，目标 MAC 地址是路由器 2 左边接口的 MAC 地址，源 MAC 地址是路由器 1 右边接口的 MAC 地址。

数据包到达路由器 2，需要重新封装，目标 MAC 地址为计算机 F 的 MAC 地址，源 MAC 地址为路由器 2 右边接口的 MAC 地址，交换机 3 将该数据帧转发给计算机 F。

从图 3-3-1 可以看出，数据包的目标 IP 地址决定了数据包最终到达哪台计算机，而目标 MAC 地址决定了该数据包下一跳由哪个设备接收，但不一定是终点。

如果全球的计算机网络是一个大的以太网，那么就不需要使用 IP 地址进行通信了，MAC 地址就可以实现。想想那将是一个什么样的场景？一台计算机发广播帧，全球的计算机都可以收到，如果都要处理，则整个网络的带宽会被广播帧耗尽。所以还必须由三层设备 (路由器或者三层交换机) 来隔绝以太网的广播。默认情况下路由器不会转发广播帧，路由器只负责在不同的网络间转发数据包。MAC 地址类比为身份证，而 IP 地址则类比为居住地。学生在学校上学，那么收快递的目的地址选择学校地址，如果学生寒暑假在自己家，那么收快递的目的地址选择家里。所以 IP 地址就类似快递包裹的目的地址，在不同的网络中，IP 地址是会发生改变的。而 MAC 地址是由网络设备制造商生产时烧录在网卡 (network interface card) 中的，一般情况下不会随意更改，类比为我们的身份证，无论是身处学校还是家中，身份证不变，所以 MAC 地址不变。

知识点2 IP地址与MAC地址的映射

在以太网上传输 IP 报文，必须将 IP 数据报文装载在 MAC 地址的数据帧中，才能传输到目的主机。首先，以太网的数据帧使用 MAC 地址作为源地址和目的地址，以 MAC 地址标志计算机。其次，在以太网上运行的 IP 协议，每台计算机都需要分配一个唯一的 IP 地址，所以 IP 地址与 MAC 地址有着一一对应的关系。那么源主机如何在已知目的 IP 地址的前提下，获取目的主机的 MAC 地址？这就是本知识点介绍的 ARP 协议的功能，源主机在发送 IP 报文之前使用 ARP 协议，将 IP 地址映射为 MAC 地址。

1. ARP 地址解析协议

如图 3-3-2 所示，在一个以太网上，主机 A 和主机 B 之间要通过 IP 通信，则双方必须知道对方的 MAC 地址。每台主机都设 ARP 高速缓存，维护一个 IP 地址到 MAC 地址的转换表，即 ARP 表，表中存放最近使用过的与本机通信的同网主机的 IP 地址和 MAC 地址的映射。在主机启动时，ARP 表为空。

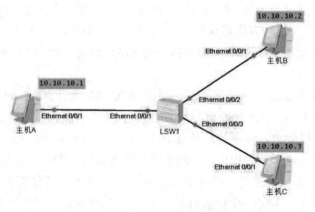

图 3-3-2　以太网组网

假设源主机 A(IP 地址为 10.10.10.1) 要和目的主机 B(IP 地址为 10.10.10.2) 通信。

首先查看主机 A 的 ARP 表，看其中是否含有 10.10.10.2 对应的 ARP 表项。

如图 3-3-3 所示，ARP 缓存表中包含 10.10.10.2 对应的 MAC 地址，则主机 A 不用发送 ARP 包，而直接利用 ARP 表中的 MAC 地址把 IP 数据包进行帧封装，向目的主机 B 发送即可。

图 3-3-3　ARP 缓存表（包含 MAC 地址）

如图 3-3-4 所示，如果在 ARP 表中找不到对应的地址项，则把该数据包放入 ARP 发送等待队列，然后用 ARP 协议创建一个 ARP 请求，并以广播方式发送 ARP 请求分组。

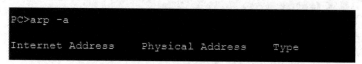

图 3-3-4　ARP 缓存表（不包含 MAC 地址）

如图 3-3-5 所示，从协议列表处可以观察，主机 A 发起了一个广播报文，目的 MAC 地址为 ff:ff:ff:ff:ff:ff，目的 IP 地址为 10.10.10.2，在 Info 这一列可以观察到 ARP 的请求包似乎在问："谁是 10.10.10.2，请告诉我 10.10.10.1 ？" ARP 请求包中有主机 A 发出请求的源 IP 地址、源 MAC 地址和主机 B 的 IP 地址。所有网络中的主机都可以接收到 ARP 请求分组。B 主机接收到 ARP 请求分组后，首先把 ARP 请求分组中的源 IP 地址和 MAC 地址填入自己的 ARP 表，然后主机 B 发出 ARP 响应分组，在分组中填入 MAC 地址，发送给主机 A，同样查看 Info 这一列，主机 B 似乎在回答："10.10.10.2 在这里，并且我的 MAC 地址是 54:89:98:25:37:a0"。

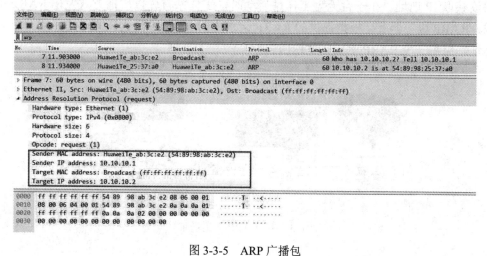

图 3-3-5　ARP 广播包

如图 3-3-6 所示，主机 A 在收到 ARP 响应后，从分组中提取出目的 IP 地址及其对应的 MAC 地址，加入自己的 ARP 表中，并且把在发送等待队列中的所有数据包发送出去。

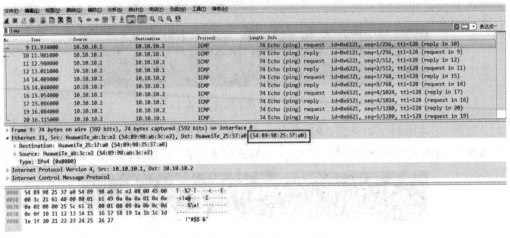

图 3-3-6 数据链路层协议展示

如果一条 ARP 表项很久没有使用了，则定时删除。ARP 不是 IP 协议的一部分，它不使用 IP 报文传送，而是直接装载在以太网帧的数据域中传输。

2. RARP 逆地址解析协议

RARP 协议可以实现 MAC 地址到 IP 地址的转换。无盘工作站在启动时，只知道自己的网络接口的 MAC 地址，而不知道自己的 IP 地址。它首先要使用 RARP 协议得到自己的 IP 地址后，才能和其他服务器通信。

如图 3-3-7 所示，最典型的应用为网络打印机连接到网络中时，需要用到 RARP 协议获取 IP 地址。在一台无盘工作站启动时，工作站首先以广播方式发出 RARP 请求，RARP 服务器就会根据提供的 RARP 请求中的 MAC 地址为该工作站分配一个 IP 地址，组织一个 RARP 响应包发送回去。

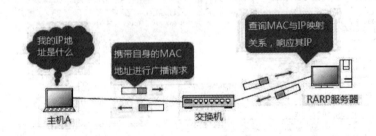

图 3-3-7 RARP 应用场景

知识点3　IPv4地址基础知识

1. IPv4地址结构

IP地址是网络层的逻辑地址，用于标志数据报的源地址和目标地址。在Internet中，一个IP地址可唯一标志出网络上的每个主机。目前主流的IPv4协议采用的IP地址长度为4个字节，即32位。在书写时，通常用4段十进制数表示（称为点分形式），每段由0～255的数字组成，段与段之间用小数点分隔。例如，二进制形式的IP地址为10101100 10101000 0000000 00011001，根据前面介绍的预备知识，转换为点分形式的IP地址为172.168.0.25。

如图3-3-8所示，电话号码由区号与电话号组成，北京的区号是010，武汉的区号是027，石家庄的区号是0311。同一地区的电话号码有相同的区号，打本地电话不用加上区号，打长途电话才需要拨区号。类似于电话号码，IP地址是由网络号与主机号两部分组成的。其中，网络号用来标志一个逻辑网络，同一网段的计算机网络号相同；主机号用来标志网络中的一台主机。一台Internet主机至少有一个IP地址，而且这个IP地址是全网唯一的。

要实现计算机联网，不仅仅要配置IP地址，还需要配置子网掩码与网关。其中网关就是计算机给其他网段的计算机发送数据的出口，也就是路由器（或者三层设备）接口的地址。为了尽量避免和网络中其他主机的IP地址冲突，网关通常使用该网端的第一个可用地址或者最后一个可用地址，如图3-3-9所示为本地TCP/IPv4属性，包括IP地址、子网掩码与网关配置。

图3-3-8　电话号码与IP地址的类比关系

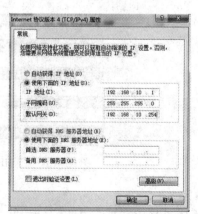

图3-3-9　本地TCP/IPv4属性

2. IPv4地址的分类

在Internet中，网络数量是一个难以确定的因素，但是每个网络的规模却是比较容易确定的。众所周知，从局域网到广域网，不同类型的网络规模差别很大，必须加以区别。

因此，按照网络规模大小及使用目的的不同，Internet 的 IP 地址可以分为 5 种类型，包括 A 类、B 类、C 类、D 类和 E 类。A 类地址适用于大型网络，B 类地址适用于中型网络，C 类地址适用于小型网络，D 类地址适用于组播，E 类地址适用于实验。一个单位或部门可拥有多个 IP 地址，比如，它们可拥有 2 个 B 类地址和 50 个 C 类地址。地址的类别可以从 IP 地址的最高 8 位进行判别，如表 3-3-5 所示。

表 3-3-5　五类地址的特点

IP地址类型	高8位数值范围	最高4位的值
A类	0~127	0×× ×
B类	128~191	10× ×
C类	192~223	110×
D类	224~239	1110
E类	240~255	1111

例如，IP 地址 126.111.4.120 是 A 类地址，IP 地址 162.105.129.11 是 B 类地址，IP 地址 210.40.0.58 是 C 类地址。

那么在以上的 IP 地址中又有多少是可以分配给主机使用的呢？

网络中分配给主机的地址不包括广播地址和网络地址。广播地址是主机位全为 1 的地址，而网络地址是主机位全为 0 的地址。

因此，网络中可用的 IP 地址数为 $2^n - 2$，其中 n 为 IP 地址中主机部分的位数。图 3-3-10 所示分别是 A、B、C、D 和 E 五类 IP 地址的特点与结构。

图 3-3-10　五类 IP 地址的特点与结构

1) A 类地址

A 类 IP 地址用高 8 位的最高 1 位 "0" 表示网络类别，余下 7 位表示网络号，用低 24 位表示主机号。通过网络号和主机号的位数就可以知道 A 类地址的网络号位数为 2^7，共 128 个，每个网络包含的主机数为 2^{24}，共 16 777 216 个（实际有效的主机行为 $2^{24} - 2 = 16\ 777\ 214$）。A 类地址的范围是 0.0.0.0 ~ 127.255.255.255。

2) B 类地址

B 类 IP 地址用高 16 位的最高 2 位 "10" 表示网络类别号，余下 14 位表示网络号，用低 16 位表示主机号。因此，B 类地址网络数为 2^{14} 个，每个网络号所包含的主机数为 2^{16} 个 (实际有效的主机数为 $2^{16} - 2 = 65\ 534$)。B 类地址的范围为 128.0.0.0 ～ 191.255.255.255，与 A 类地址类似。一台主机能使用的 B 类 IP 地址的有效范围是 128.0.0.1 ～ 191.255.255.254。

3) C 类地址

C 类 IP 地址用高 24 位的最高 3 位 "110" 表示网络类别号，余下 21 位表示网络号，用低 8 位表示主机号。因此，C 类地址的网络数为 2^{21} 个，每个网络号所包含的主机数为 256(实际有效的主机数为 254) 个。C 类地址的范围为 192.0.0.0 ～ 223.255.255.255，同样，一台主机能使用的 C 类地址的有效范围是 192.0.0.1 ～ 223.255.255.254。由于 C 类地址的特点是网络数较多，而每个网络最多只有 254 台主机。因此，C 类 IP 地址一般分配给小型的局域网用户。

4) D 类地址

D 类 IP 地址第一字节的前 4 位为 "1110"。D 类地址用于组播，组播就是同时把数据发送给一组主机，只有那些已经登记可以接受组播地址的主机才能接收组播数据包。D 类地址的范围是 224.0.0.0 ～ 239.255.255.255。

5) E 类地址

E 类 IP 地址第一字节的前 4 位为 "1111"。E 类地址是为将来预留的，同时也可以用于实验目的，但它们不能被分配给主机。

综上所述，在 Internet 中，各种类别的 IP 地址所能包含的网络个数是不一样的，如表 3-3-6 所示，A 类地址只有 128 个网络，但每个网络拥有 16 777 214 个主机数；B 类地址拥有 16 384 个网络，每个网络拥有 65 534 个主机数；C 类地址拥有 2 097 152 个网络，每个网络只能拥有 254 个主机数。

表 3-3-6　A、B、C 三类 IP 地址的特点

IP地址类别	网络地址长度	子网掩码	包含主机数量
A类	8位	255.0.0.0	$2^{24} - 2 = 16\ 777\ 214$
B类	16位	255.255.0.0	$2^{16} - 2 = 65\ 534$
C类	24位	255.255.255.0	$2^8 - 2 = 254$

3. 子网掩码的作用

子网掩码是通过将网络号所占二进制位置为 1，主机号所占二进制位置为 0，然后转换成十进制计算得来的。子网掩码用来确定 IP 地址的网络号。计算网络号方法是，IP 地址与子网掩码进行逻辑与运算。

如图 3-3-11 所示，比如 IP 地址为 100.29.0.2，其对应的子网掩码为 255.255.0.0，把 IP 地址和子网掩码转换为二进制，做逻辑与的运算，通过遵循遇 0 则 0，双 1 则 1 的法则，得到网络地址为 100.29.0.0，其中网络号为 100.29，所以子网掩码的作用是确定 IP 地址的网络号，进而确定该主机在哪个网络中。

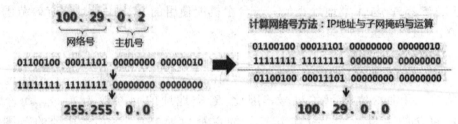

图 3-3-11　子网掩码的作用

思考：如图 3-3-12 所示，为什么每次做局域网搭建的时候，4 台终端的 IP 地址分别设置为 10.10.10.1 ～ 10.10.10.4，子网掩码为 255.255.255.0？

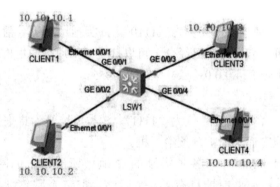

图 3-3-12　局域网示意图

4. 特殊的 IP 地址

1) 网络地址 = 网络号 + 全 0 的主机号

网络地址 (network address) 是 Internet 上的节点在网络中具有的逻辑地址，可对节点进行寻址。IP 地址是在 Internet 上给主机编址的方式，为每个计算机分配一个逻辑地址，这样不但能够对计算机进行识别，还能进行信息共享。

2) 私有网络地址

私有网络地址是保留给内部网络使用的，如校园网、企业网。Internet 不转发目的地址为私有 IP 地址的数据报文。使用私有网络地址的校园、企业网络，通过路由器接入 Internet 通信，要将私有网络地址转换为 Internet 的地址，通常地址转换由路由器中的 NAT 服务器完成。保留的私有网络地址共有 1 个 A 类网络地址、16 个 B 类网络地址和 256 个 C 类网络地址。学校、企业网络可以自己选用私有网络地址。

这些私有网络地址的范围如下：

A 类，10.0.0.0 ～ 10.255.255.255。

B 类，172.16.0.0 ～ 172.31.255.255。

C 类，192.168.0.0 ～ 192.168.255.255。

3) 直接广播地址＝网络号＋全 1 的主机号

直接广播地址即 IP 报文向指定网络的所有主机广播，该网络内的所有主机都能接受该广播报文。如报文目的地址是 192.168.1.255，则 192.168.1 网络上各台计算机都接收该报文，并处理这个数据报。

4) 有限广播地址

有限广播地址为"255.255.255.255"，即 IP 报文的目的地址全为"1"。有限广播在网络通信中是必不可少的，例如一台刚加入网络的计算机尚未获得 IP 地址，广播报文寻找 DHCP 服务器为自己分配 IP 地址，DHCP 服务器接收到请求地址映射的报文，为该计算机分配一个 IP 地址。

5) 环回地址

127.0.0.0 ～ 127.255.255.255 的地址段称为环回地址，通常用于测试计算机能否正常发送、接收 IP 报文。如图 3-3-13 所示，进入计算机的"命令提示符"并输入：ping 127.0.0.1< 回车 >。如果接收到的报文数量与发出的测试报文数量相等，则计算机与网络的通信正常。

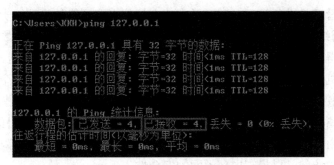

图3-3-13　命令提示符显示

知识点4　IPv4子网划分

1. 子网划分的原因

出于对管理、性能和安全方面的考虑，许多单位把单一网络划分为多个物理网络，并使用路由器将它们联系起来。子网划分 (subnetting) 技术能够使单个网络地址横跨几个物理网络，如图 3-3-14 所示，这些物理网络统称为子网。

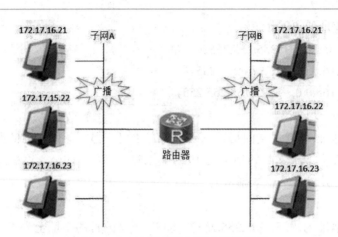

图 3-3-14　划分子网以提高网络性能

划分子网的原因有很多，主要体现在以下三个方面：

(1) 充分使用地址。由于 A 类网和 B 类网的地址空间太大，造成在不使用路由设备的情况下，单个网络中无法使用全部地址，比如，对于一个 B 类网络"172.17.0.0"，可以有 $2^{16} - 2 = 65\,534$ 个主机，这么多的主机在单一的网络下是不能工作的。因此，为了能更有效地使用地址空间，有必要把可用地址分配给多个较小的网络。

(2) 划分管理职责。当一个网络被划分为多个子网后，每个子网的管理可由子网管理人员负责，使网络变得更易于控制。每个子网的用户、计算机及其子网资源可以让不同子网的管理员进行管理，减轻了由单人管理大型网络的管理职责。

(3) 提高网络性能。在一个网络中，随着网络用户的增长和主机数量的增加，网络通信也将变得非常繁忙。而繁忙的网络很容易导致冲突、丢失数据包及数据包重传，从而降低了主机之间的通信效率。如果将一个大型的网络划分为若干个子网，并通过路由器将其连接起来，就可以减少网络拥塞，如图 3-3-14 所示，这些路由器就像一堵墙把子网隔离开，使本地的通信不会转发到其他子网中，只能在各自的子网中进行。另外，使用路由器的隔离作用还可以将网络分为内、外两个子网，并限制外部网络用户对内部网络的访问，以提高内部子网的安全性。

2. 划分子网的方法

IP 地址共 32 比特，通过对每个比特的划分处理，可以明确某个 IP 地址属于哪一个网络和属于哪一台主机。因此，IP 地址实际上是一种层次型的编址方案。对于标准的 A 类、B 类和 C 类地址来说，它们只具有两层结构，即网络号和主机号，然而，这种两层结构并不完善。

前面已经提过，对于一个拥有 B 类地址的单位来说，必须将其进一步划分成若干较小的网络，否则是无法运行的。而这实际上就产生了中间层，形成一个三层的结构，即网络号、子网号和主机号。通过网络号确定一个站点，通过子网号确定一个物理子网，通过主机号确定主机地址。因此，一个 IP 数据包的路由器就涉及三个部分：传送到站点、传送到子网和传送到主机。子网具体的划分方法如图 3-3-15 所示。

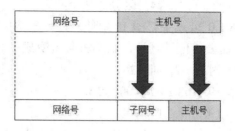

图 3-3-15　子网的划分

为了划分子网，可以将单个网络的主机号分为两个部分，一部分用于子网号编址，另一部分用于主机号编址。划分子网号的位数取决于具体的需要。子网所占的比特越多，可以分配给主机的位数就越少。假设 B 类网络 172.17.0.0，将主机号分为两部分，其中 8 bit 用于子网号，另外 8 bit 用于主机号，那么这个 B 类网络就被分为 256 个子网，每个子网可以容纳 254 台主机。图 3-3-16 给出了两个地址，其中一个是未划分子网中的主机 IP，而另一个是划分子网中的 IP 地址，你也许会发现一个问题，这两个地址从外观上没有任何差别，那么，应该如何区分这两个地址呢？前面介绍过，通过子网掩码，可以指出一个 IP 地址中的哪些位对应于网络地址，哪些位对应于主机地址。

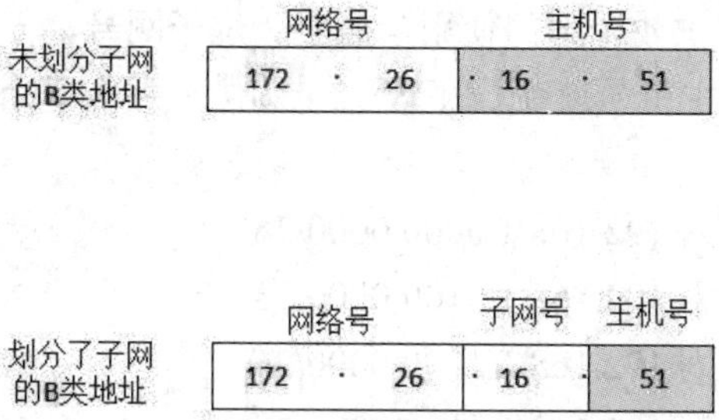

图 3-3-16　使用与未使用子网划分的 IP 地址

3. 等长子网划分的规则

等长子网划分的规则如下：

(1) 借主机号的高位作为子网号，子网号最终会纳入到网络号中。

(2) 每个子网能够容纳的主机数一样。

(3) 网络地址和广播地址不能给主机使用。

(4) 在子网中，有效主机范围的最小值 = 网络地址 + 1。

(5) 有效主机范围的最大值 = 广播地址 − 1。

(6) 下一个子网的网络地址 = 上一个子网的广播地址 + 1。

(7) 知道主机号所在的位数 x，会算能够容纳 $2^x - 2$ 台主机。

举例：原有网络号 192.168.1.0/24，划分成 2 个网络。

分析：首先 192.168.1.0/24 属于 C 类 IP 地址，其网络号占 24 位，主机号占 8 位，由于要划分 2 个网络，需要 1 位子网号，则主机号就变成了 8 - 1 = 7 位，那么每个子网可以容纳的主机数量为 $2^7 - 2$，即 126。

子网 1：网络地址为 192.168.1.0000 0000/25

子网 2：网络地址为 192.168.1.1000 0000/25

子网 1 中，主机位全 0 为网络地址，主机位全 1 为广播地址。

子网 1：网络地址为 192.168.1.0000 0000(192.168.1.0)

广播地址为 192.168.1.0111 1111(192.168.1.127)

那么子网 1 能够容纳的主机 IP 范围为：192.168.1.1 ~ 192.168.1.126

子网 2：网络地址为 192.168.1.1000 0000(192.168.1.128)

广播地址为 192.168.1.1111 1111(192.168.1.255)

那么子网 2 能够容纳的主机 IP 范围为：192.168.1.129 ~ 192.168.1.254

通过以上的办法就可以将原有网络号 192.168.1.0/24，划分成 2 个网络。

举例：原有网络号 192.168.1.0/24，由于公司有 4 个部门，分别是研发、采购、测试、市场部门，每个部门 50 台电脑，需要给每个部门分配一个子网。

分析：首先 192.168.1.0/24 属于 C 类 IP 地址，其网络号占 24 位，主机号占 8 位，由于要划分 4 个子网，供 4 个部门使用，需要 2 位子网号，分别是 00 子网、01 子网、10 子网和 11 子网。则主机号就变成了 8 - 2 = 6 位，那么每个子网可以容纳的主机数量为 $2^6 - 2$，即 62。

子网 1：网络地址为 192.168.1.0000 0000/26

子网 2：网络地址为 192.168.1.0100 0000/26

子网 3：网络地址为 192.168.1.1000 0000/26

子网 4：网络地址为 192.168.1.1100 0000/26

如果按照等长子网掩码划分的规则，则可以快速完成表 3-3-7，完成四个子网的划分。

表 3-3-7 四个子网的网络地址、广播地址以及主机 IP 范围

子网名称	网络地址	广播地址	容纳的主机IP范围
子网1	192.168.1.0/26	192.168.1.63	192.168.1.1~192.168.1.62
子网2	192.168.1.64/26	192.168.1.127	192.168.1.65~192.168.1.126
子网3	192.168.1.128/26	192.168.1.191	192.168.1.129~192.168.1.190
子网4	192.168.1.192/26	192.168.1.255	192.16.1.193~192.168.1.254

4. 非等长子网划分的规则

非等长子网划分是为了解决在一个网络系统中使用多种层次的子网化 IP 地址的问题而发展起来的方法。各子网主机规模不一致的情况，允许在同一网络范围内使用不同长度子网掩码。

非等长子网划分允许一个组织在同一个网络地址空间中使用多个子网掩码。利用该方法可以使管理员"把子网继续划分为更小的子网"，使寻址效率达到最高。所以非等长子网划分的目的，第一可以更有效地使用 IP 地址，第二能够提高路由汇总的能力。那么什么情况下，需要用到非等长子网的划分呢，请看下面的例题。

举例：某网络分配到 C 类 IP 地址 192.168.1.0/24，要划分 4 个子网，子网 A 有 125 台主机，子网 B 有 47 台主机，子网 C 有 6 台主机，子网 D 有 2 台主机，请设计满足要求的 IP 地址分配方案。

分析：首先 192.168.1.0/24 属于 C 类 IP 地址，其网络号占 24 位，主机号占 8 位，由于要划分 4 个子网，需要 2 位子网号。则主机号就变成了 $8-2=6$ 位，那每个子网可以容纳的主机数量为 2^6-2，即 62。也就是每个子网最多只能分配 62 个 IP 地址，而题目中子网 A 需要有 125 台主机，所以等长子网掩码的划分已经无法满足题目要求。这里为了能更加灵活地使用 IP 地址，引入了非等长子网掩码设计方案。

首先子网 A 需要 125 个 IP 地址，说明划分子网 A 需要 7 位主机位，所以子网位占 1 位。即把 192.168.1.0/24 划分为两个子网。

子网 1：网络地址为 192.168.1.0000 0000/25

子网 2：网络地址为 192.168.1.1000 0000/25

其中子网 1 可以容纳的主机 IP 地址范围为：192.168.1.1 ～ 192.168.1.126，可以分配给子网 A。而子网 2 作为其他网络的 IP 地址的总和。由于子网 B 需要 47 个 IP 地址，即需要 6 位主机位，即把子网 2 再划分为两个子网。

子网 3：192.168.1.1000 0000/26

子网 4：192.168.1.1100 0000/26

其中子网 3 可以容纳的主机 IP 地址范围为：192.168.1.129 ～ 192.168.1.190，可以分配给子网 B。而子网 4 作为其他网络的 IP 地址的总和。由于子网 C 只需要 6 个 IP 地址，即需要 3 位主机位，把子网 4 再分为两个子网。

子网 5：192.168.1.1100 0000/29

子网 6：192.168.1.1100 1000/29

其中子网 5 可以容纳的主机 IP 地址范围为：192.168.1.193 ～ 192.168.1.198，可以分配给子网 C。而子网 6 也可以分配 6 个 IP 地址，可以分配给子网 D。如表 3-3-8 所示，根据非等长子网掩码方法制作 IP 地址分配方案。

表 3-3-8　四个子网的网络地址、广播地址以及主机 IP 范围

子网名称	网络地址	广播地址	容纳的主机IP范围
子网A(125台)	192.168.1.0/26	192.168.1.127	192.168.1.1~192.168.1.125
子网B(47台)	192.168.1.128/26	192.168.1.191	192.168.1.129~192.168.1.175
子网C(6台)	192.168.1.192/29	192.168.1.199	192.168.1.193~192.168.1.198
子网D(2台)	192.168.1.200/29	192.168.1.207	192.168.1.201和192.168.1.202

5. 超网与无类域间路由

目前，在 Internet 上使用的 IP 地址是在 1978 年确立的协议，它由 4 段 8 位二进制数字组成。由于 Internet 协议当时的版本号为 4，因而称为 "IPv4"。尽管这个协议在理论上有大约 43 亿个 IP 地址，但并不是所有的地址都得到充分的利用，部分原因在于国际互联网络信息中心 (InterNIC) 把 IP 地址分配给许多机构，而 A 类和 B 类地址所包含的主机数太多。比如，一个 B 类网络 135.41.0.0，在该网络中所包含的主机数可以达到 65 534 个，这么多地址显然并没有被充分利用，另外，在一个 C 类网络中只能容纳 254 台主机，而对于拥有上千台主机的单位来说，获得一个 C 类网络地址显然是不够的。

此外，由于 Internet 的迅猛扩展，主机数量急剧增加，它正以非常快的速度耗尽目前尚未使用的 IP 地址，B 类网络很快就要被用完。为了解决当前 IP 地址面临严重的资源不足的问题，InterNIC 设计了一种新的网络分配方法。与分配一个 B 类网络不同，InterNIC 给一个单位分配一个 C 类网络的范围，该范围能容纳足够的网络和主机，这种划分方法实质上是将若干个 C 类网络合并成一个网络，这个合并后的网络称为超网 (Super Net)。

假设一个单位拥有 2000 台主机，那么 InterNIC 并不是给它分配一个 B 类网络，而是分配 8 个 C 类的网络。每个 C 类网络可以容纳 254 台主机，总共 2032 台主机。虽然这种方法有助于节约 B 类网络，但它也导致了新的问题。采用通常的路由选择技术，在 Internet 上的每个路由器的路由表中必须有 8 个 C 类网络表项才能把 IP 包路由到该单位。

为防止路由器被过多路由淹没，无类域间路由 (Cassless Inter Domain Routing, CIDR) 的技术把多个网络表项缩成一个表项。CIDR 将若干个较小的网络合并成一个较大的网络，以非等长子网掩码的方式重新分配网络号，其目的是将多个 IP 网络地址结合起来使用。Classless 表示 CIDR 借鉴了子网划分技术中取消 IP 地址分类结构的思想，使 IP 地址成为无类别的地址。但是，与子网划分将一个较大的网络分成若干个较小的子网相反，CIDR 是将若干个较小的网络合并成了一个较大的网络，因此又被称为超网。

使用了 CIDR 后，在路由表中只用一个路由表项就可以表示分配给该单位的所有 C 类网络。在概念上 CIDR 创建的路由表项可以表示为：[起始网络，数量]。其中，

起始网络表示所分配的第一个 C 类网络的地址，数量是分配的 C 类网络的总个数。实际上，它可以用一个超网子网掩码来表示相同的信息，而且用网络前缀法来表示。对于超网子网掩码的计算可以用一个实例来说明。比如，要表示以网络 202.78.168.0 开始的连续的 8 个 C 类网络地址，如表 3-3-9 所示。

表 3-3-9　8 个 C 类网络地址

C类网络地址	二进制数
202. 78. 168.0/24	11001010 01001110 10101000 0000000
202. 78. 169.0/24	11001010 01001110 10101001 0000000
202. 78. 170.0/24	11001010 01001110 101010100000000
202. 78. 171.0/24	11001010 01001110 10101011 0000000
202. 78. 172.0/24	11001010 01001110 10101100 0000000
202. 78. 173.0/24	11001010 01001110 10101101 0000000
202. 78. 174.0/24	11001010 01001110 10101110 0000000
202. 78. 175.0/24	11001010 01001110 10101111 0000000

　　所有 8 个 C 类网络的前 21 位都是相同的，第 3 个字节中的最后 3 位从 000 变到 111，因此，超网的子网掩码可以用 255.255.248.0 表示，二进制数为"11111111 11111111 11111000 000000"若用网络前缀表示法来表示，可表示为 202.78.168.0/21。

　　图 3-3-17 为一个采用 CIDR 的企业网实例。该企业网络有 1500 个主机，由于难以申请 B 类地址，因此为该企业申请了 8 个连续的 C 类地址，192.56.0.0/24 ～ 192.56.7.0/24，解决了地址资源短缺的问题。但是，这样的地址分配方案就使企业的网络变成了 8 个相对独立的 C 类网络，如果这 8 个 C 类网络各自管理，会显著增加网络管理的开销。例如，各个子网之间通信需要通过路由器，在企业网与外部网络之间的边界路由器上则需要为这 8 个 C 类网络生成 8 条路由信息，从而增加了路由器的设备投资及管理开销。

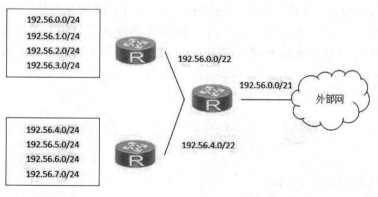

图 3-3-17　采用 CIDR 的企业网实例

采用 CIDR，可以将这 8 个连续的 C 类网络汇聚成一个网络，如表 3-3-10 所示，8 个 C 类网络的前 21 位都是相同的，第三个字节的最后 3 位从 000 变到 111，因此该网络的网络号可表示为 192.56.0.0，对应的子网掩码可定为 255.255.248.0，即地址的前 21 位标识网络，剩余的 11 位标识主机。而在企业网与外部网的边界路由器上只要生成一条关于 192.56.0.0/21 的路由信息即可。

表 3-3-10　8 个 C 类 IP 地址的二进制特点

C类网络地址	二进制数
192.56.0.0/24	11000000 00111000 00000000 0000000
192.56.1.0/24	11000000 00111000 00000001 0000000
192.56.2.0/24	11000000 00111000 00000010 0000000
192.56.3.0/24	11000000 00111000 00000011 0000000
192.56.4.0/24	11000000 00111000 00000100 0000000
192.56.5.0/24	11000000 00111000 00000101 0000000
192.56.6.0/24	11000000 00111000 00000110 0000000
192.56.7.0/24	11000000 00111000 00000111 0000000

从上面的例子可以看出，CIDR 既可在一定程度上解决 B 类地址严重缺乏的问题，又能有效防止网络管理开销的膨胀。但在具体运行 CIDR 时必须遵守下列两个规则：

(1) 网络号的范围必须是 2^N，如 2、4、8、16 等。

(2) 网络地址最好是连续的。

若能满足上述规则，就可以使用速算的方法来快速确定合并后超网的子网掩码。若一个单位需要 2000 多台计算机，若用二进制数表示 2000 时，需要使用至 11 个比特位 ($2^{11} = 2048$)。因此，对于一个 32 bit 的 IP 地址来说，其中，11 位要用于主机号，剩余的 21 位就要作为网络号，从而得出子网掩码为 255.255.248.0。

需要注意的是，使用非等长子网划分、超网和 CIDR 配置网络时，要求相关的路由器和路由协议必须能够支持。用于 IP 路由的路由信息协议 RIP 版本 2(RIP2) 和边界网关协议版本 4(BGPv4) 都可以支持非等长子网划分和 CIDR，而 RIP 版本 (RIPV1) 则不支持。

 知识点5　IPv4与IPv6

1. IPv4 的局限性与缺点

IPv4 存在两个问题，即地址资源的不足以及协议缺陷，这些问题在 20 世纪 90

年代得到了凸现，所以促生了 IP 的新版本，即 IPv6。IPv6(Internet Protocol Version 6，即互联网协议第 6 版) 是互联网工程任务组 (IETF) 设计的用于替代 IPv4 的下一代 IP 协议，其地址数量号称可以为全世界的每一粒沙子编上一个地址。

IPv4 的设计思想成功地造就了目前的 Internet，其核心价值体现在简单、灵活和开放性。但随着新应用的不断涌现，传统的 IPv4 已经难以支持 Internet 的进一步扩张和新业务的出现，其不足主要体现在以下几个方面：

(1) 地址资源已经耗尽。IPv4 提供的 IP 地址位数是 32 位，即 40 亿个左右的地址。随着连接到 Internet 上的主机数目的迅速增加，2019 年 11 月 26 日，全球所有的 IPv4 地址已经分配完毕。

(2) 路由表越来越大。由于 IPv4 采用与网络拓扑结构无关的形式来分配地址，所以随着连入网络主机数目的增长，路由器数目飞速增加，相应地，决定数据传输路由的路由表也就在不断增大。

(3) 缺乏 QoS 保证。IPv4 遵循 Best Effort 原则，这一方面是一个优点，因为它使 IPv4 简单高效；但另一方面它对 Internet 上涌现出的新业务类型缺乏有效的支持，如实时业务和多媒体业务，这些应用要求提供一定的服务质量保证 (QoS)，如带宽、延迟和抖动等。

(4) 地址上分配不便。IPv4 采用手工配置的方法来给用户分配地址，这不仅增加了管理和规划的复杂程度，也不利于为需要移动性的用户提供更好的服务。

2. IPv6 及其技术新特征

在地址长度上，IPv6 与 IPv4 相比，很明显的一个改善就是 IPv6 的 128 位地址长度可以提供充足的地址空间，同时它还为主机接口提供不同类型的地址配置，其中包括：全球地址、全球单播地址、区域地址、链路本地地址、地区本地地址、广播地址、多播群地址、任播地址、移动地址、家乡地址和转交地址等。另外，IPv6 还在以下几方面表现出较高的特性：

(1) 服务质量方面。IPv6 数据包的格式包含一个 8 位的业务流类别 (class) 和一个新的 20 位的流标签 (flow label)。它的目的是允许发送业务流的源节点和转发业务流的路由器在数据包上加上标记，中间节点在接收到一个数据包后，通过验证它的流标签，就可以判断它属于哪个流，然后就可以知道数据包的 QoS 需求，并进行快速的转发。

(2) 安全方面。虽然两种 IP 标准目前都支持 IPsec(IP 安全协议)，但是 IPv6 是将安全作为自身标准的有机组成部分，安全的部署是在更加协调统一的层次上，而不像 IPv4 那样通过叠加的解决方案来实现安全。通过 IPv6 中的 IPsec 可以对 IP 层上的通信提供加密 / 授权，可以实现远程企业内部网 (如企业虚拟专用网) 的无缝接入，并且可以实现永远连接。

(3) 移动 IPv6 方面。移动性无疑是互联网上最精彩的服务之一。移动 IPv6 协议为用户提供可移动的 IP 数据服务，让用户可以在世界各地都使用同样的 IPv6 地址，非常适合未来的无线上网。

(4) 组播技术。组播是一种允许一个或多个发送者发送单一的数据包给多个接收者的网络技术，它适用于一点到多点或多点到多点的数据传输业务。IPv6 为组播预留了一定的地址空间，其地址高 8 位为 "11111111"，后跟 120 位组播标识。发送方只需要发送数据给该组播地址，就可以实现对多个不同地点用户发送数据，而不需要了解接收方的任何信息。

 **任务实施**

子网划分体验

某 ISP(互联网服务提供商) 拥有一个网络地址块 192.168.20.0/24，现在该 ISP 要为 8 个组织分配 IP 地址，每个组织有 30 台以下的终端需要入网，请给出一个合理的分配方案，并说明各组织所分配子网的子网地址、广播地址、子网掩码、IP 地址总数、可分配 IP 地址数和可分配 IP 地址范围。

首先 192.168.20.0/24 是典型的 C 类 IP 地址，其中 /24 说明该 C 类 IP 地址没有进行过任何子网划分。IP 地址 = 网络号 + 主机号，其中网络号 24 位，主机号 8 位，目前需要将该主机位移出 3 位作为子网号，2^3 即 8 个子网。每个子网可以容纳的主机数量为 $2^5 - 2 = 30$，即每个子网可以分配的主机数量为 30 台，满足网络规划的需求。根据等长子网掩码划分的规则，网络规划如表 3-3-11 所示。

表 3-3-11 网络规划表

子网名称	网络地址	广播地址	容纳的主机IP范围
子网1(30台)	192.168.20.0/27	192.168.20.31	192.168.20.1～192.168.20.30
子网2(30台)	192.168.20.32/27	192.168.20.63	192.168.20.33～192.168.20.62
子网3(30台)	192.168.20.64/27	192.168.20.95	192.168.20.65～192.168.20.94
子网4(30台)	192.168.20.96/27	192.168.20.127	192.168.20.97～192.168.20.126
子网5(30台)	192.168.20.128/27	192.168.20.159	192.168.20.129～192.168.20.158
子网6(30台)	192.168.20.160/27	192.168.20.191	192.168.20.161～192.168.20.190
子网7(30台)	192.168.20.192/27	192.168.20.223	192.168.20.193～192.168.20.222
子网8(30台)	192.168.20.224/27	192.168.20.255	192.168.20.225～192.168.20.254

 **知识拓展**

物联网的应用

IPv6 是为了解决 IP 地址短缺问题研发的技术，那么为什么 IP 地址会短缺呢？因为越来越多的设备需要接入到互联网中，比如汽车、音响、家居、医疗设备、交通、物流、农业和电力设备等。而连入互联网的前提是每个设备都有一个独立的 IP 地址，为了实现让所有能够被独立寻址的普通物理对象实现互联互通，引入了物联网的概念，该概念的中心思想是让全球的每一粒沙子都能拥有一个独立的 IP 地址。

物联网是在计算机互联网的基础上，利用射频自动识别 (RFID) 和无线数据通信技术，构造一个覆盖世界上万事万物的 "Internet of Things"。在这个网络中，设备能够彼此进行 "交流"，而无需人工干预。其实质是利用 RFID 技术，通过计算机互联网实现设备的自动识别和信息的互联与共享。

物联网的应用不仅仅只是一个概念，它已经广泛应用于很多领域。

物联网传感器产品已率先在上海浦东国际机场防入侵系统中得到应用。机场防入侵系统铺设了 3 万多个传感节点，覆盖了地面、栅栏和低空探测，可以防止人员的翻越、偷渡、恐怖袭击等攻击性入侵。

ZigBee 路灯控制系统点亮济南园博园。ZigBee 无线路灯照明节能环保技术的应用是园博园中的一大亮点，园区所有的功能性照明都通过 ZigBee 无线路灯照明节能环保技术控制。

智能交通系统 (ITS) 以现代信息技术为核心，利用先进的通信、计算机、自动控制和传感器技术，实现对交通的实时控制与指挥管理。

 课程小结

IP 地址是全球范围内唯一的 32 位标志符。IP 地址可以分为 A、B、C、D、E 五类，通过子网掩码可以区分每一类 IP 地址中网络号的位数，从而计算出主机号的位数，以此为基础计算每个网络可以分配多少个 IP 地址。ARP 协议将 IP 地址映射为 MAC 地址，而 RARP 协议可以实现 MAC 地址映射为 IP 地址。IP 协议是互联网协议群 (IPS) 中最重要的通信协议之一，主要用于网络设备数据包的寻址和路由选择，并负责将数据包从一个网络转发到另一个网络。目前 IP 协议有 IPv4 和 IPv6 两个版本。

一、选择题

1. (单选题)IP 地址由一组 (   ) 比特的二进制数字组成。

A. 8   B. 16

C. 32   D. 64

2. (单选题) 某部门申请到一个 C 类 IP 地址，若要划分为 14 个子网，其掩码应为 (   )。

A. 255.255.255.255　　　　　　　B. 255.255.255.128

C. 255.255.255.240　　　　　　　D. 255.255.255.192

3. (单选题) 一个 C 类网络 203.87.90.0/24 中的主机数目为 (　　)。

A. 254　　　　　　　　　　　　B. 255

C. 256　　　　　　　　　　　　D. 128

4. (单选题) 如果某个网段的子网掩码是 255.255.192.0，那么 (　　) 主机必须通过路由器才能与主机 129.23.144.16 通信。

A. 129.23.191.21　　　　　　　　B. 129.23.127.222

C. 129.23.130.33　　　　　　　　D. 129.23.148.127

5. (单选题)ARP 协议的主要功能是 (　　)。

A. 将 IP 地址解析为物理地址　　　B. 将物理地址解析为 IP 地址

C. 将主机名解析为 IP 地址　　　　D. 将 IP 地址解析为主机名

6. (单选题)IP 地址 255.255.255.255 称为 (　　)。

A. 直接广播地址　　　　　　　　B. 有限广播地址

C. 回送地址　　　　　　　　　　D. 间接广播地址

7. (多选题)IPv6 技术新特征包括 (　　)。

A. 服务质量　　　　　　　　　　B. 安全

C. 移动 IPv6　　　　　　　　　　D. 组播技术

二、简答题

1. 某企业网络地址为 172.16.0.0/18，请问该企业最多可以划分多少个子网？每个子网最多可容纳多少台主机？每个子网的网络地址和广播地址是多少？每个子网的有效主机地址范围是多少？

2. 某企业网络地址为 192.168.10.0，子网掩码为 255.255.255.192(/26)，请问该网络划分了多少个子网？每个子网的网络地址和广播地址是多少？每个子网的有效主机地址范围是多少？

3. 某企业网络地址为 172.16.0.0，子网掩码为 255.255.192.0(/18)，请问该网络划分了多少个子网？每个子网的网络地址和广播地址是多少？每个子网的有效主机地址范围是多少？

4. 某企业网络地址为 172.16.0.0，子网掩码为 255.255.255.224(/27)，请问该网络划分了多少个子网？每个子网的网络地址和广播地址是多少？每个子网的有效主机地址范围是多少？

5. 某网络分配到 C 类地址 192.168.20.0/24，要划分 4 个子网，子网 A 有 125 台主机，子网 B 有 47 台主机，子网 C 有 6 台主机，子网 D 有 2 台主机，请设计满足要求的 IP 地址方案。

根据课堂学习情况和本任务知识点，进行评价打分，如表 3-3-12 所示。

表3-3-12 评价表

项目	评分标准	分值	得分
接收任务	明确IP地址划分的工作任务	5	
信息收集	掌握IP地址的概念、结构以及IPv6新特征和新技术发展方向	15	
制订计划	工作计划合理可行，人员分工明确	10	
计划实施	能够用ENSP仿真软件组建局域网并分析ARP协议的作用(抓包分析ARP协议流程)	30	
	了解网络的需求，采用合理的子网掩码划分方式进行IP地址的划分，并列出每个子网能够容纳的主机范围	30	
质量检查	分析IP地址规划后，是否提高了IP地址的利用率	5	
评价反馈	经验总结到位，合理评价	5	

任务 3.4　虚拟局域网

姓名：	班级：	学号：	日期：

教学目标

1. 能力目标

能够根据交换机 VLAN 配置的情况，分析定位网络中的故障和问题。

2. 知识目标

了解 VLAN 技术和使用场景，理解 VLAN 帧格式及端口类型。

3. 素质目标

具有判断交换机 VLAN 配置情况的能力，能够根据功能把网络划分成逻辑小组（交换机组网环境中）。

4. 思政目标

无论是 VLAN 技术还是社区的网格化管理机制，其实都是把一个大的网络在逻辑上划分得更加细致，实现简化网络管理的功能。同样，在设计和配置网络的过程中，也需要有这种思维，把大的问题层层细化，变成可以实现或者方便管理的小问题，最终解决问题。

任务下发

网络管理员通过配置 VLAN 之间的路由可以实现全面管理企业内部不同管理单元之间的信息互访。交换机是根据工作站的 MAC 地址来划分 VLAN 的，所以，用户可以自由地在企业网络中移动办公，不论用户在何处接入交换网络，都可以与 VLAN 内其他用户自由通信。

图 3-4-1 是一个简单的局域网拓扑结构，6 台终端经过接入交换机 LSW1 和 LSW2 连接到核心 LSW3 上，由于地理位置的限制，上面三台主机连接到 LSW1，而下面的三台主机连接到 LSW2。根据部门和功能的需求，在不移动设备的前提下，需要将 PC1、PC3 和 PC5 划分到一个逻辑小组，而 PC2、PC4、PC6 划分到另外一个逻辑小组中。

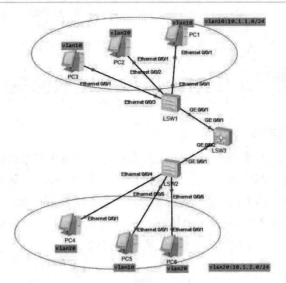

图 3-4-1　局域网拓扑结构

请同学们按照以上配置需求，列出配置清单。

LSW1：

LSW2：

LSW3：

素质小课堂

使用 VLAN 技术的目的是将一个广播域网络划分为逻辑广播域网络，每个逻辑网络内的用户形成一个组，组内的成员间可以通信，组间的成员间不能通信。VLAN建立在局域网交换机的基础上，既保持了局域网的低延迟、高吞吐量的优点，又解决了单个广播域内广播包过多的问题。如果把 VLAN 逻辑组类比为社区的网格化管理，其主要目的都是简化网络管理，增加安全性。

党的十八届三中全会强调，"以网格化管理、社会化服务为方向，健全基层综合服务管理平台"。至今为止，全国基层社区基本上构建了网格化的治理机制，可以说是我国基层社会治理的机制创新。在这场抗击疫情阻击战中，网格化治理正在发挥着积极作用。同时，社区网格化疫情防控阻击战，不仅把我国的政治优势转化为对疫情的治理优势，而且，也能通过这场生死攸关的疫情阻击战检验和完善社区网格化管理机制。

无论是 VLAN 技术还是社区的网格化管理机制，其实都是把一个大的网络在逻辑上划分得更加细致，简化网络管理。同样，在设计和配置网络的过程中，也需要有这种思维，把大的问题层层细化，变成可以实现或者方便管理的小问题，最终解决问题。

知识准备

知识点1　虚拟局域网的概念

1.虚拟局域网的起源

随着局域网内的主机数量日益增多，由大量的广播报文带来的带宽浪费、安全等问题变得越来越突出。为了解决这一问题，如图 3-4-2 所示，一种方法是将网络改造成用路由器连接的多个子网，但这样会增加网络设备的投入；如图 3-4-3 所示，另一种成本较低又行之有效的方法就是采用虚拟局域网 (VLAN)。VLAN 是在交换技术的基础上发展起来的，因此需要先了解什么是交换式以太网。

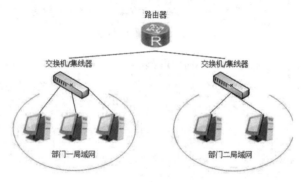

图 3-4-2　加购硬件

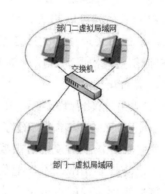

图 3-4-3　软件实现

交换式以太网核心就是交换机 (switch)，网络中的每个站直连交换机，由交换机负责转发数据帧。在此方式下，发送端与接收端并不共享通信介质，因此很多情况下采用全双工通信方式。当一台主机希望传送一个以太网帧时，它向交换机送出一个标准帧，交换机收到这个帧后，会查看帧的目的地址，然后将这个帧直接发送到目的地。

在这种一对一连接全双工通信的方式下不会发生冲突，因此一般不需要 CSMA/CD 机制就可以实现更高效的通信。

2. 虚拟局域网的特点

虚拟局域网 (VLAN) 是以局域网交换机为基础，通过交换机软件实现根据功能、部门和应用等因素将设备或用户组成虚拟工作组或逻辑网段的技术。其最大的特点是在组成逻辑网时无需考虑用户或设备在网络中的物理位置。

数据链路层单播帧只能在同一个 VLAN 内转发和扩散，而不会直接进入其他的 VLAN 之中，VLAN 内的各个用户就像是在同一个真实的局域网内一样可以互相访问。

VLAN 可以在一个交换机或者跨交换机间实现。同时，若没有路由器，则不同的 VLAN 之间不能互相通信。

知识点2 基于端口划分VLAN

1. 基于端口划分 VLAN 简介

划分 VLAN 的方法有很多种，常见的包括：基于端口的 VLAN、基于 MAC 地址的 VLAN、基于网络层的 VLAN 和基于 IP 组播的 VLAN。

如图 3-4-4 所示，一个 24 端口的交换机，如果采用基于端口划分 VLAN 的方式，其中 3、5、7 和 9 号端口被划分到 VLAN10，而 19、20、21 和 22 号端口被划分到 VLAN20，那么连接在两个 VLAN 中的终端无法实现二层通信。

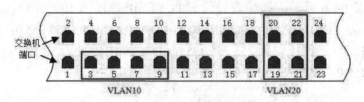

图 3-4-4 基于端口划分 VLAN

数据链路层的传输单位为帧，在发送端数据链路层将网络层的数据按照一定格式打包为帧并发送给物理层，在接收端数据链路层将物理层的数据按照一定格式解包为帧并发送给网络层。

目前，在数据链路层使用比较多的是以太网 (Ethernet Ⅱ) 协议。以太网帧格式如表 3-4-1 所示。

表3-4-1 以太网帧格式

目的MAC地址	源MAC地址	类型	数据	校验码
6字节	6字节	2字节	46~1500字节	4字节

以太网交换机端口主要有以下两种：

(1) access 端口：一般用于设置交换机与计算机连接的端口，access 端口只能属于 1 个 VLAN；

(2) trunk 端口：一般用于设置交换机与交换机之间连接的端口，trunk 端口可以属于多个 VLAN。

2. 基于端口划分 VLAN 的方法

下面通过华为交换机 S5700 介绍基于端口划分 VLAN 的方法。

(1) 打开 eNSP，新建如图 3-4-5 所示的拓扑图，选择 4 台 PC 终端、1 台 S5700 交换机，然后进行连线，主机 1 连接交换机的 GE 0/0/1 端口，主机 2 连接交换机的 GE 0/0/2 端口，主机 3 连接交换机的 GE 0/0/3 端口，主机 4 连接交换机的 GE 0/0/4 端口。

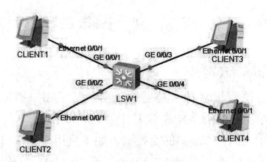

图 3-4-5　局域网拓扑图

(2) 如图 3-4-6 所示，鼠标右键设置 PC1 的 IP 地址为 10.10.10.1，子网掩码为 255.255.255.0；PC2 的 IP 地址为 10.10.10.2，子网掩码为 255.255.255.0；PC3 的 IP 地址为 10.10.10.3，子网掩码为 255.255.255.0；PC4 的 IP 地址为 10.10.10.4，子网掩码为 255.255.255.0。设置成功后，启动这 4 台 PC 终端。

图 3-4-6　IP 配置

(3) 启动 S5700 交换机，使用如图 3-5-7 所示指令开启 4 个端口，在 PC1 的命令行分别 ping PC2、PC3、PC4，观察其连通性，在此过程中对 PC1 进行抓包，并保存数据包，作为后续分析数据的依据。

图 3-4-7　重启交换机端口

(4) 如图 3-4-8 所示，分别在 4 个千兆口模式下，使用 port link-type access 将 4 个端口设置为 access 模式。

图 3-4-8　设置端口的链路类型

(5) 按如图 3-4-9 所示创建 VLAN，将端口添加到 VLAN。在系统模式下，使用 vlan 2 命令创建逻辑小组 2，并在 vlan 2 模式下，将千兆口 GE 0/0/1 和 GE 0/0/3 加入逻辑小组 2 中。

图 3-4-9　创建 VLAN 2，添加端口 1 和 3

(6) 同上，如图 3-4-10 所示，在系统模式下，使用 vlan 3 命令创建逻辑小组 3，并在 vlan 3 模式下，将千兆口 GE 0/0/2 和 GE 0/0/4 加入逻辑小组 3 中。

```
[Huawei]
[Huawei]
[Huawei]vlan 3
[Huawei-vlan3]port GigabitEthernet 0/0/2
[Huawei-vlan3]port GigabitEthernet 0/0/4
[Huawei-vlan3]
```

图 3-4-10　创建 VLAN 3，添加端口 2 和 4

(7) 设置好以上指令后，VLAN 标签情况如图 3-4-11 所示。

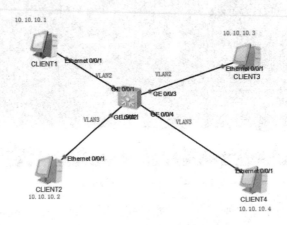

图 3-4-11　VLAN 配置完成

(8) 如图 3-4-12 所示，使用 display interface GigabitEthernet 命令查看交换机千兆以太网口的配置信息。

```
[Huawei]display interface GigabitEthernet
GigabitEthernet0/0/1 current state : UP
Line protocol current state : UP
Description:
Switch Port, PVID :    2, TPID : 8100(Hex), The Maximum Frame Length is 9216
IP Sending Frames' Format is PKTFMT_ETHNT_2, Hardware address is 4c1f-cc9a-232f
Last physical up time   : 2018-03-31 11:19:52 UTC-08:00
Last physical down time : 2018-03-31 11:19:51 UTC-08:00
Current system time: 2018-03-31 12:14:10-08:00
Hardware address is 4c1f-cc9a-232f
    Last 300 seconds input rate 0 bytes/sec, 0 packets/sec
    Last 300 seconds output rate 0 bytes/sec, 0 packets/sec
    Input: 2602 bytes, 38 packets
    Output: 180264 bytes, 1526 packets
    Input:
      Unicast: 23 packets, Multicast: 0 packets
      Broadcast: 15 packets
    Output:
      Unicast: 28 packets, Multicast: 1498 packets
      Broadcast: 0 packets
    Input bandwidth utilization  :    0%
    Output bandwidth utilization :    0%

GigabitEthernet0/0/2 current state : UP
Line protocol current state : UP
Description:
  ---- More ----
```

图 3-4-12　查看交换机千兆以太网口配置信息

(9) 如图 3-4-13 所示，使用 display vlan 命令查看交换机 VLAN 配置信息。

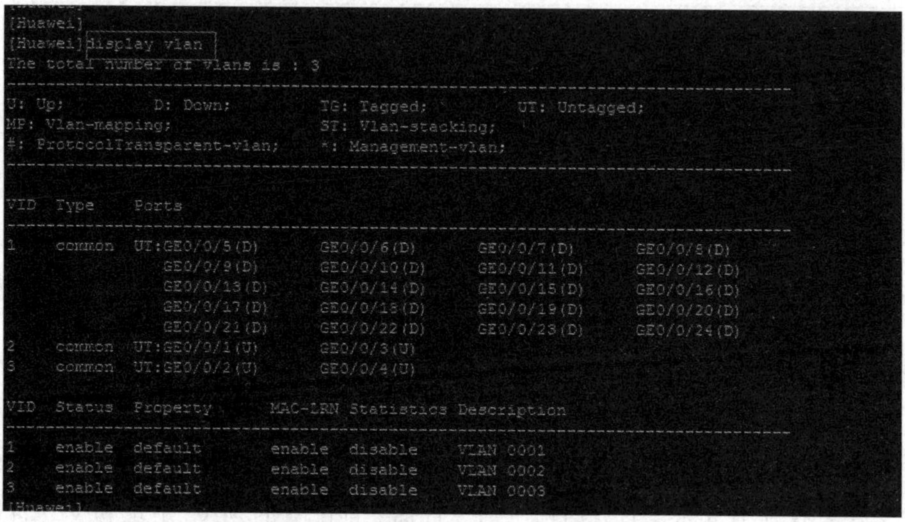

图 3-4-13　查看交换机 VLAN 配置信息

3. 实验结果分析

请根据实验步骤完成下面实验结果的表格。

(1) 完成 4 台主机的设置，开启交换机 4 个端口后，使用 ping 指令查看 PC1 与 PC2、PC3、PC4 的连通性，并将实验结果填入表 3-4-2 中。

表 3-4-2　实验结果 1

编号	实验参数	实验结果(填是或者否)
1	PC1与PC2是否连通	
2	PC1与PC3是否连通	
3	PC1与PC4是否连通	

(2) 按要求配置交换机 4 个端口的 VLAN 后，使用 ping 指令查看 PC1 与 PC2、PC3、PC4 的连通性，并将实验结果填入表 3-4-3 中。

表 3-4-3　实验结果 2

编号	实验参数	实验结果(填是或者否)
1	PC1与PC2是否连通	
2	PC1与PC3是否连通	
3	PC1与PC4是否连通	

(3) 抓取 PC1 中 ping 过程的数据包，并使用 icmp 协议过滤，观察任意一条 icmp 数据的数据链路层 Ethernet II 信息，并将实验结果填入表 3-4-4 中。

表 3-4-4　实验结果 3

编号	实验参数	实验结果
1	源MAC地址	
2	目的MAC地址	
3	类型	

知识点3　基于MAC地址划分VLAN

1. 基于 MAC 地址划分 VLAN 简介

基于 MAC 地址划分 VLAN，即根据主机网卡的 MAC 地址划分 VLAN。此划分方式需要网络管理员提前配置好网络中的主机 MAC 地址和 VLAN ID 的映射关系。如果交换机收到不带标签的数据帧，则会查找之前配置的 MAC 地址和 VLAN 映射表，再根据数据帧中携带的 MAC 地址来添加相应的 VLAN 标签。在使用此方法划分 VLAN 时，即使主机移动位置，也不需要重新配置 VLAN。

2. 基于 MAC 地址划分 VLAN 的方法

下面介绍基于 MAC 地址划分 VLAN 的方法。

(1) 打开 eNSP，新建如图 3-4-14 所示拓扑图，选择 4 台 PC 终端、1 台 S5700 交换机，然后按照图 3-4-14 进行连线，主机 1 连接交换机的 Ethernet 0/0/1 端口，主机 2 连接交换机的 Ethernet 0/0/2 端口，主机 3 连接交换机的 Ethernet 0/0/3 端口，主机 4 连接交换机的 Ethernet 0/0/4 端口。

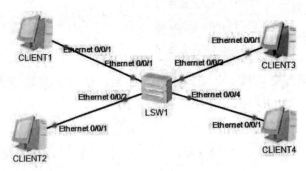

图 3-4-14　基于 MAC 地址划分 VLAN 的拓扑图

(2) 如图 3-4-15 所示，鼠标右键设置 PC1 的 IP 地址为 10.10.10.1，子网掩码为 255.255.255.0；PC2 的 IP 地址为 10.10.10.2，子网掩码为 255.255.255.0；PC3 的 IP 地址为 10.10.10.3，子网掩码为 255.255.255.0；PC4 的 IP 地址为 10.10.10.4，子网掩码为 255.255.255.0。设置成功后，启动这 4 台主机。

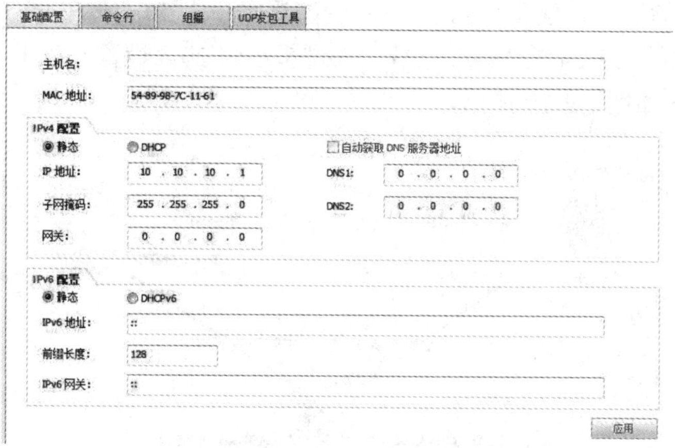

图 3-4-15　终端 IP 地址配置

(3) 启动 S5700 交换机，使用如图 3-4-16 所示指令开启 4 个端口 (Ethernet 0/0/1、Ethernet 0/0/2、Ethernet 0/0/3、Ethernet 0/0/4)。

```
[Huawei]interface Ethernet 0/0/1
[Huawei-Ethernet0/0/1]undo shutdown
```

图 3-4-16　启动交换机端口

(4) 如图 3-4-17 所示，分别在 4 个千兆口模式下，使用命令 port link-type hybrid 将 4 个端口设置为 hybrid 模式。

```
[Huawei]interface Ethernet 0/0/1
[Huawei-Ethernet0/0/1]port link-type hybrid
[Huawei-Ethernet0/0/1]q
[Huawei]interface Ethernet 0/0/2
[Huawei-Ethernet0/0/2]port link-type hybrid
[Huawei-Ethernet0/0/2]q
[Huawei]interface Ethernet 0/0/3
[Huawei-Ethernet0/0/3]port link-type hybrid
[Huawei-Ethernet0/0/3]q
[Huawei]interface Ethernet 0/0/4
[Huawei-Ethernet0/0/4]port link-type hybrid
```

图 3-4-17　设置交换机端口类型为 hybrid

(5) 如图 3-4-18 所示，创建 VLAN，将四台主机的 MAC 加到对应的 VLAN。在系统模式下，使用 vlan 10 命令创建逻辑小组 10，并将 PC1 的 MAC 地址与 PC2 的 MAC 地址加入逻辑小组 10。图 3-4-18 仅演示将 PC1 的 MAC 地址加入逻辑小组 10 中，实际操作还需要添加 PC2 的 MAC 地址。

```
[Huawei]
[Huawei]vlan 10
[Huawei-vlan10]mac-vlan mac-address 5489-98DA-5CFB
```

图 3-4-18　创建 VLAN，并建立 MAC 地址与 VLAN ID 的映射关系

(6) 在系统模式中，使用 vlan 20 命令创建逻辑小组 20，并在 vlan 20 模式下，将 PC3 的 MAC 地址与 PC4 的 MAC 地址加入逻辑小组 20。设置好以上指令后，VLAN 标签的配置情况如图 3-4-19 所示。

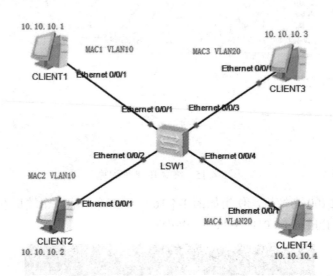

图 3-4-19　VLAN 配置情况展示

(7) 配置交换机的端口 1 和端口 2，使它们能够处理 VLAN 10 的数据，配置交换机的端口 3 和端口 4，使它们能够处理 VLAN 20 的数据。图 3-4-20 显示如何让端口 1 能够识别和处理 VLAN 10 的数据，其余三个端口配置要求一样。

```
[Huawei]
[Huawei]interface Ethernet 0/0/1
[Huawei-Ethernet0/0/1]port link-type hybrid
[Huawei-Ethernet0/0/1]port hybrid untagged vlan 10
```

图 3-4-20　配置端口 1 允许 VLAN 10 的数据通过

(8) 如图 3-4-21 所示，在 4 个接口模式下，启动端口支持 mac-vlan 功能，并在 PC1 命令行分别 ping PC2、PC3、PC4 的 IP 地址，观察其连通性。

```
[Huawei]interface Ethernet0/0/1
[Huawei-Ethernet0/0/1]mac-vlan enable
```

图 3-4-21　打开 mac-vlan 功能

(9) 再次配置交换机的端口 1 和端口 2 使它们处理 VLAN 20 的数据，配置交换机的端口 3 和端口 4 使它们能处理 VLAN 10 的数据，即 4 个端口同时支持通过两个 VLAN 10 和 VLAN 20 的数据。图 3-4-22 为配置端口 1 可以处理 VLAN 10 和 VLAN 20 的数据，其余三个端口，依此类推。

```
[Huawei-Ethernet0/0/1]port hybrid untagged vlan 10
[Huawei-Ethernet0/0/1]
[Huawei-Ethernet0/0/1]port hybrid untagged vlan 20
```

图 3-4-22　配置端口 1 可以通过 VLAN 10 和 VLAN 20 的数据

(10) 完成以上步骤后，再次在 PC1 的控制端分别 ping 其余三台 PC 的 IP 地址，观察连通性，在此过程中对 PC1 进行抓包。

(11) 如图 3-4-23 所示，使用 display interface Gigabit Ethernet 命令查看交换机千兆以太网口配置信息。

```
[Huawei]display interface GigabitEthernet
GigabitEthernet0/0/1 current state : UP
Line protocol current state : UP
Description:
Switch Port, PVID :    2, TPID : 8100(Hex), The Maximum Frame Length is 9216
IP Sending Frames' Format is PKTFMT_ETHNT_2, Hardware address is 4c1f-cc9a-232f
Last physical up time   : 2018-03-31 11:19:52 UTC-08:00
Last physical down time : 2018-03-31 11:19:51 UTC-08:00
Current system time: 2018-03-31 12:14:10-08:00
Hardware address is 4c1f-cc9a-232f
    Last 300 seconds input rate 0 bytes/sec, 0 packets/sec
    Last 300 seconds output rate 0 bytes/sec, 0 packets/sec
    Input: 2602 bytes, 38 packets
    Output: 180264 bytes, 1526 packets
    Input:
     Unicast: 23 packets, Multicast: 0 packets
     Broadcast: 15 packets
    Output:
     Unicast: 28 packets, Multicast: 1498 packets
     Broadcast: 0 packets
    Input bandwidth utilization  :    0%
    Output bandwidth utilization :    0%

GigabitEthernet0/0/2 current state : UP
Line protocol current state : UP
Description:
 ---- More ----
```

图 3-4-23　查看交换机千兆以太网口配置信息

(12) 如图 3-4-24 所示，使用 display mac-vlan mac-address all 命令查看交换机 VLAN 配置信息。

```
[Huawei]display mac-vlan mac-address all
---------------------------------------------------
MAC Address     MASK          VLAN    Priority
---------------------------------------------------
5489-98da-5cf8  ffff-ffff-ffff  10      0
5489-98da-5cfb  ffff-ffff-ffff  10      0
5489-98da-704f  ffff-ffff-ffff  20      0
5489-98bd-2b13  ffff-ffff-ffff  20      0
5489-988f-0146  ffff-ffff-ffff  10      0

Total MAC VLAN address count: 5
```

图 3-4-24　查看交换机 VLAN 配置信息

3. 实验结果分析

请根据实验步骤完成下面实验结果的表格。

(1) 完成 4 台 PC 的设置和 VLAN MAC 配置后，设置交换机端口 1 和端口 2，使其可以处理 VLAN 10 的数据，设置交换机端口 3 和端口 4，使其可以处理 VLAN 20 的数据。使用 ping 指令查看 PC1 与 PC2、PC3、PC4 的连通性，并将实验结果填入表 3-4-5 中。

表 3-4-5　实验结果 1

编号	实验参数	实验结果(填是或者否)
1	PC1与PC2是否连通	
2	PC1与PC3是否连通	
3	PC1与PC4是否连通	

(2) 完成 4 台 PC 的设置和 VLAN MAC 配置后，再设置交换机端口 1 和端口 2，使其能够处理 VLAN 20 的数据，设置交换机端口 3 和端口 4，使其能够处理 VLAN 10 的数据，即 4 个端口同时支持 VLAN 10 和 VLAN 20 的数据。使用 ping 指令查看 PC1 与 PC2、PC3、PC4 的连通性，并将实验结果填入表 3-4-6 中。

表 3-4-6　实验结果 2

编号	实验参数	实验结果(填是或者否)
1	PC1与PC2是否连通	
2	PC1与PC3是否连通	
3	PC1与PC4是否连通	

(3) 抓取 PC1 中 ping 过程的数据包，并使用 icmp 协议过滤，观察任意一条 icmp 数据的数据链路层 Ethernet II 信息，并将实验结果填入表 3-4-7 中。

表 3-4-7　实验结果 3

编号	实验参数	实验结果
1	源MAC地址	
2	目的MAC地址	
3	类型	

 任务实施

交换机处理 VLAN 标签

无论是基于端口划分 VLAN 还是基于 MAC 地址划分 VLAN，最重要是掌握交换机是如何处理 VLAN 标签数据帧的过程。

1. 交换机处理带有 VLAN 标签的数据帧

要使得交换机能够分辨不同 VLAN 标签的报文，需要在报文中添加标识 VLAN

信息的字段。IEEE802.1Q 协议规定，在以太网数据帧的目的 MAC 地址与源 MAC 地址字段之后，协议类型字段之前加入 4 字节的 VLAN 标签，用于标识数据帧所属的 VLAN。下面通过抓取交换机与交换机之间 trunk 口数据为例，分析交换机是如何处理带有 VLAN 标签的数据帧的。

2. 交换机处理 VLAN 标签数据帧的方法

(1) 打开 eNSP，新建如图 3-4-25 所示拓扑图，选择 4 台 PC 终端、2 台 S5700 交换机，PC1 连接交换机 1 的 GE 0/0/1 端口，PC2 连接交换机 1 的 GE 0/0/2 端口，PC3 连接交换机 2 的 GE 0/0/1 端口，PC4 连接交换机 2 的 GE 0/0/2 端口，交换机 1 与交换机 2 之间使用各自的 GE 0/0/3 端口相连。

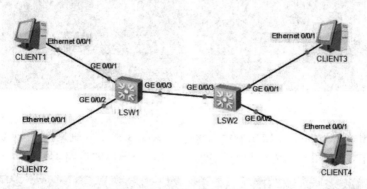

图 3-4-25　多交换机 VLAN 配置拓扑图

(2) 如图 3-4-26 所示，鼠标右键设置 PC1 的 IP 地址为 10.10.10.1，子网掩码为 255.255.255.0；PC2 的 IP 地址为 10.10.10.2，子网掩码为 255.255.255.0；PC3 的 IP 地址为 10.10.10.3，子网掩码为 255.255.255.0；PC4 的 IP 地址为 10.10.10.4，子网掩码为 255.255.255.0。设置成功后，启动这 4 台主机。

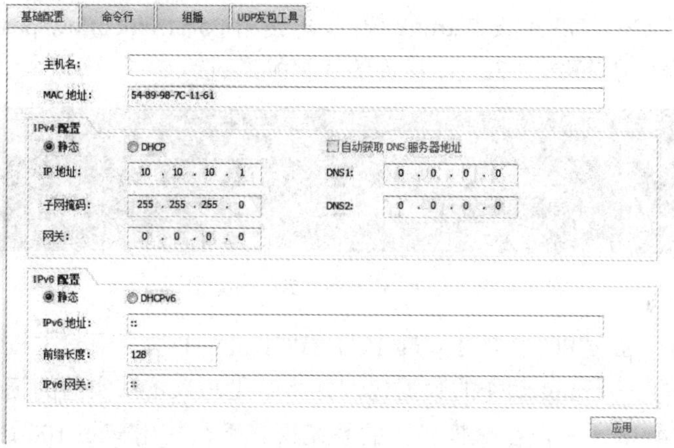

图 3-4-26　终端 IP 地址配置

（3）启动 S5700 交换机 1，使用如图 3-4-27 所示指令开启 3 个端口。在 PC1 命令行分别 ping PC2、PC3、PC4 的 IP 地址，观察其连通性。启动 S5700 交换机 2，使用如图 3-4-27 所示指令开启 3 个端口。在 PC1 命令行分别 ping PC2、PC3、PC4 的 IP 地址，观察其连通性。

```
<Huawei>
<Huawei>system-view
Enter system view, return user view with Ctrl+Z.
[Huawei]int GigabitEthernet 0/0/1
[Huawei-GigabitEthernet0/0/1]undo shutdown
Info: Interface GigabitEthernet0/0/1 is not shutdown.
[Huawei-GigabitEthernet0/0/1]quit
[Huawei]int GigabitEthernet 0/0/2
[Huawei-GigabitEthernet0/0/2]undo shutdown
Info: Interface GigabitEthernet0/0/2 is not shutdown.
[Huawei-GigabitEthernet0/0/2]quit
[Huawei]int GigabitEthernet 0/0/3
[Huawei-GigabitEthernet0/0/3]undo shutdown
Info: Interface GigabitEthernet0/0/3 is not shutdown.
[Huawei-GigabitEthernet0/0/3]quit
```

图 3-4-27　开启端口

（4）如图 3-4-28 所示，使用 port link-type access 指令分别对交换机 1 和交换机 2 的千兆口 GE 0/0/1 和 GE 0/0/2 进行配置，将这 4 个端口的链路类型设置为 access。

```
[Huawei]int GigabitEthernet 0/0/1
[Huawei-GigabitEthernet0/0/1]port link-type access
[Huawei-GigabitEthernet0/0/1]quit
[Huawei]int GigabitEthernet 0/0/2
[Huawei-GigabitEthernet0/0/2]port link-type access
[Huawei-GigabitEthernet0/0/2]quit
```

图 3-4-28　配置 GE 0/0/1 和 GE 0/0/2 端口的类型为 access

（5）如图 3-4-29 所示，使用 port link-type trunk 命令在交换机 1 和交换机 2 相互连接使用的千兆口 GE 0/0/3 上设置 trunk 模式，再使用 port trunk allow-pass vlan all 命令，使这两个端口允许所有带着 VLAN 标签的数据帧通过。

```
[Huawei]
[Huawei]interface GigabitEthernet 0/0/3
[Huawei-GigabitEthernet0/0/3]port link-type trunk
[Huawei-GigabitEthernet0/0/3]port trunk allow-pass vlan all
[Huawei-GigabitEthernet0/0/3]
[Huawei-GigabitEthernet0/0/3]quit
```

图 3-4-29　配置 GE 0/0/3 端口的类型为 trunk

（6）使用 PC1 ping PC2，PC1 ping PC3，PC1 ping PC4，观察主机之间的联通性，抓取上述 PC1 的三个 ping 动作的数据包，并将结果写入本次实验的记录文档。

（7）如图 3-4-30 所示，在交换机 1 的系统模式下，使用 vlan 100 命令创建逻辑小组 100，并将千兆口 GE 0/0/1 加到逻辑小组 100 中。

```
[Huawei]vlan 100
[Huawei-vlan100]port GigabitEthernet 0/0/1
[Huawei-vlan100]
```

图 3-4-30　创建 VLAN 100，并加入端口

如图 3-5-31 所示，使用 vlan 101 命令创建逻辑小组 101，并将千兆口 GE 0/0/2 加到逻辑小组 101 中。

```
[Huawei]vlan 101
[Huawei-vlan101]port GigabitEthernet 0/0/2
```

图 3-4-31　创建 VLAN 101，并加入端口

(8) 在交换机 2 上执行与第 (7) 步相同的操作，完成以上配置命令后，VLAN 配置具体情况如图 3-4-32 所示。

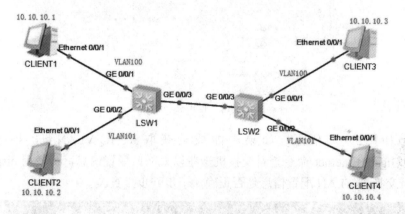

图 3-4-32　VLAN 配置情况

(9) 在 PC1 的命令行分别 ping PC2、ping PC3、ping PC4，观察联通性。执行动作时抓取交换机 1 的 GE 0/0/3 端口的数据包，如图 3-4-33 所示，输入 "ip.src==10.10.10.1 && ip.dst==10.10.10.3" 过滤命令，根据数据包的源 IP 地址和目的 IP 地址过滤包，观察到数据链路层和网络层之间多了一层协议，即 802.1Q 协议。

No.	Time	Source	Destination	Protocol	Length	Info
16	32.308000	10.10.10.1	10.10.10.3	ICMP	78	Echo (ping) request id=0x1751, seq=1/256, ttl=128 (reply in 17)
19	33.353000	10.10.10.1	10.10.10.3	ICMP	78	Echo (ping) request id=0x1851, seq=2/512, ttl=128 (reply in 20)
21	34.398000	10.10.10.1	10.10.10.3	ICMP	78	Echo (ping) request id=0x1951, seq=3/768, ttl=128 (reply in 22)
24	35.443000	10.10.10.1	10.10.10.3	ICMP	78	Echo (ping) request id=0x1a51, seq=4/1024, ttl=128 (reply in 25)
26	36.489000	10.10.10.1	10.10.10.3	ICMP	78	Echo (ping) request id=0x1b51, seq=5/1280, ttl=128 (reply in 27)

▷ Frame 26: 78 bytes on wire (624 bits), 78 bytes captured (624 bits) on interface 0
▷ Ethernet II, Src: HuaweiTe_6b:0e:28 (54:89:98:6b:0e:28), Dst: HuaweiTe_61:45:a7 (54:89:98:61:45:a7)
▷ 802.1Q Virtual LAN, PRI: 0, DEI: 0, ID: 100
▷ Internet Protocol Version 4, Src: 10.10.10.1, Dst: 10.10.10.3
▷ Internet Control Message Protocol

图 3-4-33　ICMP 协议展示

如图 3-4-34 所示，在 Wireshark 菜单栏选择"文件→导出特定分组"，并将过滤后的数据包另存为本地路径。

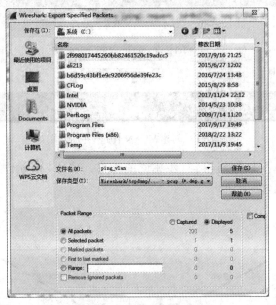

图 3-4-34　导出特定分组

(10) 如图 3-4-35 所示，如果未能成功获取 802.1Q VLAN 包，根据 display interface GigabitEthernet 命令查看交换机千兆以太网口配置信息，再使用 display vlan 命令查看交换机 VLAN 配置信息是否正确，一步一步排查。

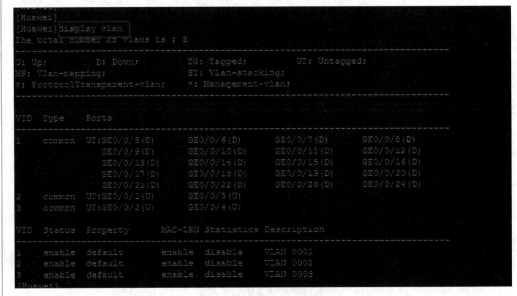

图 3-4-35　查看交换机 VLAN 配置信息

捕获的 VLAN 数据帧格式如图 3-4-36 所示，在以太网数据帧的源 MAC 地址与类型 / 长度字段之间添加了 802.1Q 帧头信息，其中有一个标志 VLAN 信息的字段 VLAN ID，该字段可以标识该数据帧属于哪个逻辑小组，交换机获取该信息，才能确定是否可以转发数据帧。

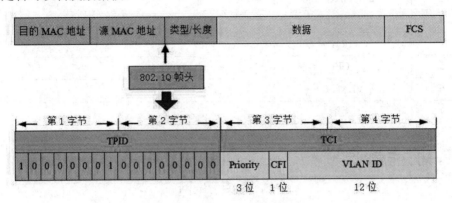

图 3-4-36　捕获的 VLAN 数据帧格式

3. 实验结果分析

请根据实验步骤完成下面实验结果的表格。

(1) 完成 4 台 PC 的设置，开启交换机端口及其配置后，使用 ping 指令查看 PC1 与 PC2、PC3、PC4 的连通性，并将实验结果填入表 3-4-8 中。

表 3-4-8　实验结果 1

编号	实验参数	实验结果(填是或者否)
1	PC1与PC2是否连通	
2	PC1与PC3是否连通	
3	PC1与PC4是否连通	

(2) 按要求成功配置交换机 4 个端口的 VLAN 后，使用 ping 指令查看 PC1 与 PC2、PC3、PC4 的连通性，并将实验结果填入表 3-4-9 中。

表 3-4-9　实验结果 2

编号	实验参数	实验结果(填是或者否)
1	PC1与PC2是否连通	
2	PC1与PC3是否连通	
3	PC1与PC4是否连通	

(3) 在 ping 的过程中，抓取交换机 1 的 GE 0/0/3 包，并使用 icmp 协议过滤，观察任意一条 icmp 数据的数据链路层 Ethernet Ⅱ 信息，并将实验结果填入表 3-4-10 中。

表 3-4-10　实验结果 3

编号	实验参数	实验结果
1	源MAC地址	
2	目的MAC地址	
3	TPID	
4	Priority	
5	CFI	
6	VLAN ID	
7	类型	

 知识拓展

虚 拟 专 用 网

虚拟专用网指的是在公用网络上建立专用网络的技术。其之所以称为虚拟网，主要是因为整个虚拟专用网任意两个节点之间的连接并没有传统专网所需的端到端的物理链路，而是架构在公用网络服务商所提供的网络平台，如 Internet、ATM(异步传输模式)、Frame Relay (帧中继) 等之上的逻辑网络，用户数据在逻辑链路层传输。

虚拟专用网有以下特点：

(1) 使用虚拟专用网可降低成本。通过公用网来建立虚拟专用网，可以节省大量的通信费用，不必投入大量的人力和物力去安装和维护广域网设备和远程访问设备。

(2) 传输数据安全可靠。虚拟专用网产品均采用加密及身份验证等安全技术，保证连接用户的可靠性及传输数据的安全和保密性。

(3) 连接方便灵活。用户如果想与合作伙伴联网，但是没有虚拟专用网，双方的信息技术部门就必须协商如何在双方之间建立租用线路或帧中继线路，有了虚拟专用网之后，只需双方配置安全连接信息即可。

(4) 完全控制。虚拟专用网使用户可以利用 ISP 的设施和服务，同时又完全掌握着自己网络的控制权。用户只利用 ISP 提供的网络资源，对于其他的安全设置、网络管理变化可由自己管理。在企业内部也可以自己建立虚拟专用网。

虚拟专用网在网络隔离、安全托管、网络备份中都起着较重要的作用。

 课程小结

虚拟局域网 (VLAN) 是一组逻辑上的设备和用户，这些设备和用户并不受物理位置的限制，可以根据功能、部门及应用等因素将它们组织起来，就像一些逻辑小组。而划分逻辑小组的方法有很多，比如基于端口划分 VLAN、基于 MAC 地址划分

VLAN 和基于网络层协议划分 VLAN。

　　交换机是如何处理 VLAN 数据帧的？交换机收到一条数据帧，首先取出 802.1Q 协议中的 VLAN ID，对比自己的 MAC 地址映射表，如果目的 MAC 对应的端口列表中有该 VLAN ID，则数据可以通行，如果没有，则无法通行。总之，属于同一 VLAN ID 的端口可以实现终端的通信，属于不同 VLAN ID 的端口无法实现终端的二层通信。

一、选择题

1. (单选题) 下列哪项不是 VLAN 的优点？（　　）。

A. 控制网络的广播风暴　　　　　B. 确保网络的安全

C. 增加网络的接入节点　　　　　D. 简化网络管理

2. (单选题) 对虚拟局域网技术的理解，以下说法正确的是（　　）。

A. 网络中逻辑工作组的节点组成不受节点所在的物理位置的限制

B. 网络中逻辑工作组的节点组成要受节点所在的物理位置的限制

C. 网络中逻辑工作组的节点必须在同一个网段上

D. 以上说法都不正确

3. (单选题) 交换机连成的网络属于同一个（　　）。

A. 冲突域　　　　B. 广播域　　　　C. 管理域　　　　D. 控制域

4. (单选题)VLAN 的通信标准是（　　）。

A. 802.2　　　　B. 802.3　　　　C. 802.1Q　　　　D. 802.11

5. (多选题)VLAN 的划分方式有（　　）。

A. 交换机端口　　　　　　　　　B. 设备 MAC 地址

C. 网络层协议　　　　　　　　　D. IP 子网

6. (多选题)VLAN 的链路属性包括（　　）。

A. 干道链路　　　B. 接入链路　　　C. 中继链路　　　D. 环回链路

7. (多选题) 交换机的端口类型包括（　　）。

A. access 类型端口　　　　　　　B. trunk 类型端口

C. hybrid 类型端口　　　　　　　D. tagged 类型端口

二、简答题

1. 当 1 台计算机从交换机的一个端口移动到另外一个端口时，交换机的 MAC 地址表会发生什么变化？

2. 无论是基于交换机端口划分 VLAN 还是基于设备 MAC 地址划分 VLAN，抓包分析数据链路层的数据包均无法发现 VLAN 相关信息，并且数据帧与之前分析的以太网数据帧格式一样，那么交换机是如何处理 VLAN 数据帧的？

3. 如图 3-4-37 所示，主机 1 和主机 3 属于 VLAN 2，主机 2 和主机 4 属于 VLAN 3。

(1) 列出 VLAN 的中文名称。

(2) 简述划分 VLAN 有哪些优势。

(3) 交换机 1 和交换机 2 如何配置，才能够实现同一个 VLAN 的终端可以互联互通 (用命令展示)。

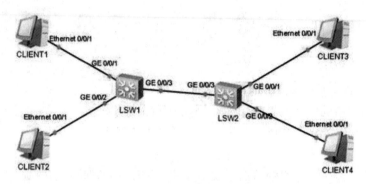

图 3-4-37　网络拓扑图

根据课堂学习情况和本任务知识点，进行评价打分，如表 3-4-11 所示。

表3-4-11　评　价　表

项目	评分标准	分值	得分
接收任务	明确工作任务，根据需求分析如何在不添加硬件设备的前提下，实现逻辑小组的划分	5	
信息收集	掌握VLAN的概念、优势以及应用场合	15	
制订计划	工作计划合理可行，人员分工明确	10	
计划实施	采用基于端口划分VLAN的方式，使得同一VLAN的终端可以进行二层通信	30	
	通过分析access口和trunk口的配置方式，分析交换机处理带有VLAN标签数据帧的方法	30	
质量检查	VLAN任务保证在同一个逻辑小组的设备可以互联互通，不同逻辑小组的设备无法实现联通	5	
评价反馈	总结VLAN划分的步骤，合理评价	5	

项目四

组建校园网实例

任务 4.1　校园网络概述

姓名：	班级：	学号：	日期：

教学目标

1. 能力目标

了解校园网络的需求以及校园网建设的总体设计，进一步学习网络互联设备路由器的相关配置。

2. 知识目标

了解校园网络的总体设计原则；根据交换机和路由器的工作机制构建小型校园网，重点掌握路由器的基本操作。

3. 素质目标

通过校园网络的学习让学生钻研所在学校的校园网的总体设计，提高学生在日常生活中的学习能力和钻研精神。

4. 思政目标

通过介绍北京冬奥会上的计算机网络相关技术，引导学生要在厚植爱国主义情怀上下功夫，提高学生对专业的认可度。

任务下发

选择所在学校的一个实训楼，观察两层楼至少 4 个不同机房中，终端主机的网络信息，包括 IP 地址、子网掩码和网关，并根据网络地址的演算方法，推导每个机房主机的网络地址，分析该实训楼的网络环境，并将结果填入表 4-1-1 中。

表 4-1-1　实验结果表

序号	教室门牌号	主机号	IP地址	子网掩码	网关
1					
2					
3					
4					

分析以上数据，尝试使用 eNSP 软件绘制出这两层楼四间机房之间的网络架构。

 素质小课堂

第 24 届冬季奥林匹克运动会是由中国举办的国际性奥林匹克赛事，于 2022 年 2 月 4 日开幕，全世界共赴这场科技感十足的冰雪之约。这届冬奥会已成为中国科技的秀场，在世界人民面前展现出一个开放、先进、美丽、文明的国家形象。

冬奥会上有提醒人们佩戴口罩的机器人，有 24 小时待命的智能厨师，有公共空间的生物气溶胶新冠病毒核酸检测系统，有时刻监测体温数据的"腋下创口贴"……大量智能化设备的使用，减少了人与人之间的直接接触，降低了传染概率，为冬奥会的成功举办做足了防疫保障。

科学技术是推动体育赛事发展的强大动力，这在冬奥会上体现得尤为突出。国家速滑馆"冰丝带"、跳台滑雪中心"雪如意"、滑雪大跳台"水晶鞋"等，都采用了大量计算机网络新技术，是中国基建科技的集中体现，为各国运动员提供了一展所长的竞技舞台。

科技也为观众欣赏精彩赛事提供更多选择。在比赛中"快到模糊"的高速冰雪运动，被自由视角、虚拟现实等技术捕捉得清清楚楚，并由 5G 信号高速传输，让不在现场的观众也能身临其境。

 知识准备

知识点1 校园网设备

根据网络覆盖范围的大小，可以把网络分成局域网、城域网和广域网。校园网 (campus network) 是一种介于局域网和城域网之间的网络，它的覆盖范围一般是几千米，大部分学校的校园网也可以算作局域网。

校园网络必须具备通信、管理和教学三大功能。学生能方便浏览和查询网上的资源，实现在线学习；教师可以便捷地浏览和查询网络上的资源，进行科研和教学工作；学校管理人员可方便地对资产、财务、学生学籍、教学事务、行政事务等进行综合性的管理。同时，还可以实现信息与设备资源的共享，实现网上信息的采集与自动化处理，实现各级管理层之间的信息数据交换。基于以上校园网络设计的需求，推出以下公式：

校园网系统 = 布线系统 + 网络设备 + 计算机硬件设备 + 系统软件 + 应用软件

其中，布线系统包含校园网中设备之间的各种传输介质，负责网络数据在各个

设备之间的信息传输，比如光纤、双绞线、同轴电缆、微波等传输介质。网络设备包含负责计算机系统之间的信息交换设备，如路由器、交换机、调制解调器等。计算机硬件设备负责在系统软件和应用软件控制下，进行信息的存储和处理，如工作站、服务器等。

校园网是一个非常庞大而复杂的系统，它不仅为现代化教学、综合信息管理和办公自动化等一系列应用提供基本操作平台，而且它能够提供多种应用服务，使信息能及时、准确地传送到校园网中的各个子系统中。那么要实现以上功能，校园网工程建设中必不可少的就是网络设备，其中包括基于局域网技术的内部互联设备和连接广域网的外部互联设备。

1. 内部互联设备

内部互联设备主要用于连接校园网内部的计算机，由不同型号的局域网交换机组成。根据交换机在网络中的位置，我们将处于中心位置的交换机称为中心交换机，跟中心交换机相连的设备称为二级交换机，跟二级交换机相连的设备称为三级交换机。

目前建设的校园网络，主干大部分采用千兆以太网技术。校园主干网指的是连接到校园每个建筑物的主干通信线路，常采用光纤作为传输介质。光纤具有通信距离长、抗干扰、通信容量大和抗雷电等优良性能，采用架空或者埋地等敷设方式。

随着校园网络信息量的增加，校园主干网采用万兆以太网技术也会越来越普遍，因此中心交换机往往会提供多个千兆网接口 (如 1000BASE-LX 或 1000BASE-SX)。由于中心交换机是整个网络的核心，因此对可靠性等性能要求较高。为了方便管理，一般会在校园网内部网络中划分子网，则中心交换机必须具有三层路由能力。

如图 4-1-1 所示，二级交换机除了提供一个千兆网接口跟中心交换机相连外，还会提供 24 或 48 个百兆端口连接计算机或三级交换机。二级交换机一般选用 3COM 3300、Intel 510T 以及国内一些品牌的产品。

图4-1-1　二级交换机

二级交换机适合中等规模网络使用，内部带有基于浏览器界面的网络管理程序，因此不需要使用专门的网管系统，可以节省投资。

校园网络中交换机的型号选择至关重要，一般根据学校的实际情况，如建筑物分布、网络拓扑和投资等因素，选择能满足要求且性价比最高的交换机，还要把厂商的售后服务和技术支持作为考量因素。

如图 4-1-2 所示，北京某大学新生宿舍局域网核心采用 S8505 万兆核心交换机，汇聚采用 S5516 纯千兆三层交换机，接入采用 E 系列交换机，共计 200 余台。

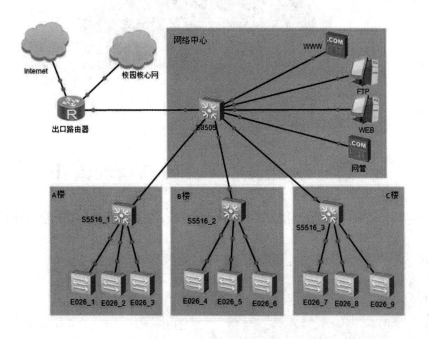

图 4-1-2　新生宿舍局域网

2. 外部互联设备

采用内部互联设备仅仅形成了校园网的局域网环境，整个网络最终的目的是要连接到 Internet 上，满足更多的应用。目前校园网与广域网的连接一般会选择 ISDN、DDN 专线或城域网三种连接方式中的一种。其中 ISDN 方式传输速度最多能达到 128 kb/s，价格相对较低，没有固定的 IP 地址，校园内部可以访问外部的信息，但是外部用户很难访问校内的资源。DDN 专线和城域网方式都有自己固定的 IP 地址，因此使用更方便。城域网是一种较好的连接方式，它的传输速度高，一般是 10 Mb/s，价格也在可接受范围内。DDN 目前是一种过渡连接方式，一般传输速度在 64 kb/s 到 2 Mb/s 之间，但是价格相对较高。

使用 ISDN 方式组网时，一般只需要一台工作站安装 ISDN 拨号设备和代理软件，如 Sygate、Wingate 等。推荐使用 Sygate，在不修改用户端的前提下，安装和使用都很方便。

使用 DDN 专线组网时，必须要配置路由器处理广域网的数据，一般常用 Cisco2600 系列路由器，该路由器具有简单的防火墙功能，可提高网络的安全性。

使用城域网方式组网时，可以使用如图 4-1-3 所示的路由器设备，或者使用防火墙设备，对网络要求等级不高时，也可以用 PC 安装相应的防火墙软件来代替。

图4-1-3　校园网中的城域网路由器

知识点2　校园网层次设计

如图 4-1-4 所示，校园网络整体上可分为核心层、汇聚层和接入层三个层次。

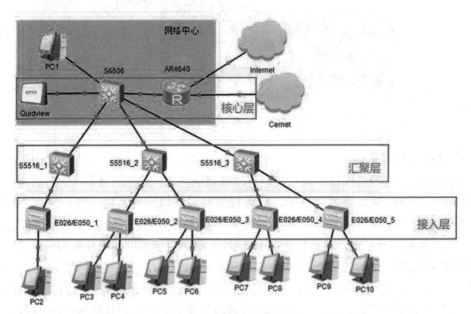

图 4-1-4　校园网层次结构

1. 校园网核心层

核心层是校园网的核心，为了实现校园区域的高速互联，核心层由 1 个核心节点组成，包含 S6506 核心交换机、Quidview 网管管理系统和 AR4640 企业级路由器。S6506核心交换机完成学校汇聚层网络交换机的数据交互；Quidview 网管管理系统实现校园网的操作管理，学校可以根据管理需求和网络情况灵活选择所需组件，真正实现按需建构；核心层的出口处，AR4640 路由器连接校园网和广域网。

2. 校园网汇聚层

汇聚层设置在每栋楼上，每一栋楼上设置一个汇聚节点，汇聚层交换机为高性能"小核心"型交换机，根据每栋楼配线间数量的不同，分别采用一台或者两台汇聚层交换机。为了保证数据传输以及交换的效率，现将各楼设置成三层楼汇聚层，汇聚层设备不仅可以分担核心层设备的部分压力，也可以提高网络的安全性。

汇聚层交换机 S5516 属于以太网交换机，具有 24 个 100 M 快速以太网接口和 1000 M 以太网模块插槽，具有 13.6 Gb/s 的交换矩阵，第三层最大传输带宽达到 4.4 Gb/s。S5516 是一个新型的、可堆叠的、多层的企业级交换机，可以提供高水平的可用性、可扩展性、安全性和控制能力，它具有 802.1Q 帧标识、VTP 支持、SNMP 和 DNS 支持、端口保护、速度限制、访问控制列表、IP 路由、划分 VLAN 和三层交换等功能。

如图 4-1-5 所示，汇聚交换机主要设置在办公楼或者教学楼，办公楼交换机通过千兆以太网接口与 S5516 交换机接口相连，可以设置多个 VLAN，分配给学工处、招生就业处、财务处、教务处和其他办公室等学校职能部门。

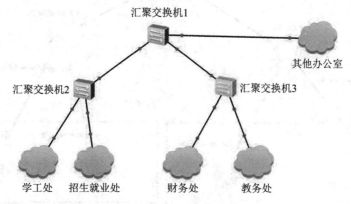

图 4-1-5　校园网汇聚层

3. 校园网接入层

校园网接入层为每栋楼接入大量交换机，是直接与用户连接的设备。校园网的接入方式分为有线接入和无线接入，有线接入主要是指已经布好网络线的地方通过交换机来实现有线网络的接入，无线接入则针对公共区，如餐厅、大型会议室、食堂等这些不好布线却又需要网络信号覆盖的地方。在某大学调查结果如下：生活区需要接入终端约 3200 台、教学区需要接入终端约 200 台、行政区约 1500 台、公共区约 1000 台、图书馆约 200 台，这些区域的局域网均采用星型拓扑结构组网。

 任务实施

校园网搭建体验

假设学校有两栋楼(教学楼1、教学楼2),如图4-1-6所示,教学楼1中主机的 IP 地址设置为 192.168.2.1 和 192.168.2.2,子网掩码均为 255.255.255.0,教学楼 2 中主机的 IP 地址设置为 192.168.3.1 和 192.168.3.2,子网掩码均为 255.255.255.0。两栋教学楼之间通过路由器进行连接(为了方便初学者练习,熟悉路由器的基本操作,对校园网做了极大的简化),其中主机 PC5 模拟外网,作为校园网外部设备,方便后面连网测试。

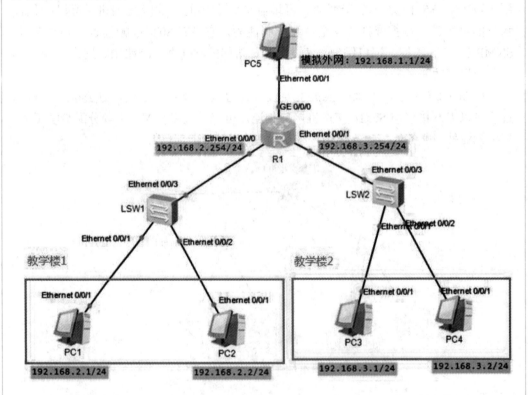

图 4-1-6　校园网拓扑图

根据图4-1-6绘制校园网拓扑图,并完成连线。配置四台主机 PC1、PC2、PC3 和 PC4 的 IP 地址、子网掩码以及网关地址。LSW1 和 LSW2 作为接入交换机,路由器 R1 是校园网络核心层的三层设备,实验的最终目的是实现校园网内部的四台主机与外部的 PC5 互联互通。项目三中介绍过路由器的功能,即实现不同局域网之间的互联。那么如何配置路由器,实现不同局域网数据之间的连通,实验步骤如下:

（1）如图 4-1-7 所示，首先用 sysname R1 命令修改路由器的名字，接着配置路由器各接口的 IP 地址。

图 4-1-7　修改路由器的名字

配置路由器接口命令如下：

[R1]int Ethernet 0/0/0

[R1-Ethernet0/0/0]ip address 192.168.2.254 24

[R1]int Ethernet 0/0/1

[R1-Ethernet0/0/1]ip address 192.168.3.254 24

[R1]int GigabitEthernet 0/0/1

[R1-GigabitEthernet0/0/1]ip address 192.168.1.254 24

（2）使用网段 192.168.2.0/24 内任意终端，尝试 ping 外网终端 PC5，并将实验结果填入表 4-1-2 中。

表 4-1-2　实验结果 1

编号	实验参数	实验结果
1	源MAC地址	
2	目的MAC地址	
3	源IP地址	
4	目的IP地址	

（3）使用网段 192.168.2.0/24 内任意终端，尝试 ping 不同楼栋的内网 192.168.3.0/24 终端，并将实验结果填入表 4-1-3 中。

表 4-1-3　实验结果 2

编号	实验参数	实验结果
1	源MAC地址	
2	目的MAC地址	
3	源IP地址	
4	目的IP地址	

（4）通过 Wireshark 软件抓取 ping 命令过程中产生的 icmp 数据包，对比内网与外网通信的数据格式。

知识拓展

校园网与 802.1X 认证

在高校校园网访问中实行身份认证，可以实现对有限资源和带宽的优化分配。这一安全认证的实施，一方面是为了尽可能降低网络恶意使用者对校园网的威胁；另一方面高校网络管理部门能够实时掌握整个网络，便于及时处理各种突发事件，并建立起网络安全规范数据库。

高校校园网与其他网络不同，不仅体现在用户群体的特殊性，还体现在高校校园网高密度访问，因此实名认证访问至关重要。高校校园网发展历程中，出现了多种身份认证策略与系统。由于网络管理需求各异，不同网络系统中存在不同的管理模式，主要表现为：(1) 静态 IP 访问；(2) 校内用户的开放式入网；(3) 以 MAC 地址为基础的认证访问；(4) PPPoE 模式下的拨号认证入网；(5) 基于 802.1X 的身份认证访问。

无论采用以上哪种访问方式，目的都是确定用户的访问权限与范围，在保护数据的同时，优化校园网络资源的分配。

课程小结

随着网络的高速发展，各大高校都有着符合自身特色的校园网，学生是使用校园网络频率最高的群体，本任务列举校园网经典案例，分析校园网络的层次结构以及涉及的网络互联设备，其中路由器在整个校园网络的搭建中起着连接不同局域网的作用。任务实施中结合校园网内网、外网互联互通的实验，重点介绍了路由器中端口 IP 的配置方法，让读者实际动手体验路由器在校园网中的应用。

一、选择题

1.（单选题）校园网和广域网连接不能选择（　　）方式。

A. ISDN　　　　　　B. DDN　　　　　　C. 城域网　　　　　D. ISDL

2.（单选题）校园网内部构建局域网一般采用（　　）设备。

A. 交换机　　　　　B. 路由器　　　　　C. 网关　　　　　　D. 集线器

3.（多选题）校园网络整体上分为（　　）。

A. 接入层　　　　　B. 汇聚层　　　　　C. 骨干层　　　　　D. 核心层

二、简答题

1. 简述校园网的总体设计原则和目标。

2. 如何在路由器上配置接口网络地址？如 10.20.1.5/24，请写出命令清单。

3. 简述交换机和路由器的区别。

根据课堂学习情况和本任务知识点，进行评价打分，如表 4-1-4 所示。

表4-1-4 评 价 表

项目	评 分 标 准	分值	得分
接收任务	明确了解校园网拓扑图的工作任务	5	
信息收集	掌握校园网层次结构相关知识	15	
制订计划	工作计划合理可行，人员分工明确	10	
计划实施	掌握校园网中路由器的配置方法	30	
	根据校园网的配置需求，选择合适的网络互联设备	30	
质量检查	按照要求完成相应任务	5	
评价反馈	经验总结到位，合理评价	5	

任务 4.2　路由技术

姓名：	班级：	学号：	日期：

 教学目标

1. 能力目标

能够描述路由表的作用以及路由器的工作原理，具备三层网络设备路由故障排错能力。

2. 知识目标

掌握路由的概念和路由控制的方法，了解静态路由的工作原理，了解 RIP 和 OSPF 动态路由协议的作用。

3. 素质目标

培养爱岗敬业的精神、高度负责的责任心与良好的职业道德。

4. 思政目标

结合路由器转发数据的原理，引导学生学会做人讲原则，做事讲规矩。

 任务下发

在日常生活中，我们经常用电脑或者手机的浏览器访问网站，那么结合 TCP/IP 协议簇的分层思想，具体了解网络层 IPv4 数据包的格式以及 IP 协议的功能。

首先打开 Wireshark 软件，关闭已有的联网程序（防止抓取过多的包）并开始抓取网络中的数据包。然后在浏览器中输入访问的网址，如京东官网 www.jd.com，即刻停止抓包。在 Wireshark 的过滤器中输入 http，过滤应用层数据。如图 4-2-1 所示，在本地查找京东官网的域名与 IP 地址的对应关系，IP 地址显示 124.200.112.3。

图4-2-1　查找域名及IP地址

接下来在过滤结果中通过 IP 地址查找与京东服务器通信的相关数据包，过滤命令为"ip.dst==124.200.112.3 && http"，结果如图 4-2-2 所示。请同学们分析该数据包中网络层 IPv4 协议的字段，并把结果填入表 4-2-1 中。

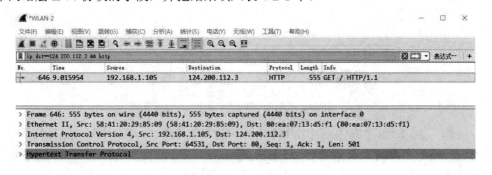

图 4-2-2 http 数据过滤

表 4-2-1 实验结果

网站名称	
域名地址	
版本	
首部长度	
服务类型	
总长度	
标识符	
标志位	
片偏移	
存活时间	
协议	
校验和	
源IP地址	
目的IP地址	

素质小课堂

路由 (route) 是指路由器从一个接口上收到数据包，根据数据包的目的地址进行定向并转发到另一个接口的过程。路由器根据收到数据包中的网络层地址和路由器内部维护的路由表 (routing table) 决定数据包转发到哪个接口，而路由协议则是指定数据包转发的规则。路由器在执行这一系列规则时是有固定原则的，如果不遵循路由器的查表原则来设置路由器，就会引起网络的崩溃。结合路由器转发数据的原理，引导学生做人要讲原则，做事要讲规矩，通过案例培养学生讲原则、明事理、懂情理的职业素养。

知识准备

知识点1　路由控制

如图 4-2-3 所示，源主机 192.168.0.1/24 的数据包在路由器 R1、R2、R3 和 R4 路由表的指导下，找到一条去往目标主机 192.168.1.1/24 的最佳路径，这个过程称为路由选择。

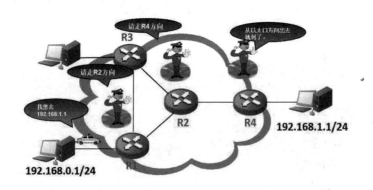

图 4-2-3　路由选择的过程

1. 路由的概念

在网络传输过程中，数据包要从源端到目的端，需要通过沿途的网络转发设备进行转发，而网络设备要转发数据包，必须依靠自己所掌握的路径信息将数据包从正确的接口发送出去，在这个过程中，路由发挥了至关重要的作用。

在日常生活中，路由一词既可以作为名词，也可以作为动词使用。在充当名词时，路由是路由条目的简称，表示设备之间为了跨网络转发数据包而相互传播的路径信息。在默认情况下，一台路由器只拥有直连 (directly connected) 网络的路由，所有非直连网络的路由则超出了路由器默认掌握的信息范畴。但是，在绝大部分的数据传输过程中常常需要将数据包发给非直连网络，为此，路由器之间就需要共同遵循路由的标准，以便相互交换彼此掌握的路由信息，此类标准称为路由协议。借助路由协议，相互连接的路由器之间可以交换自己掌握的路由，以此获得其他路由设备所拥有的路径信息，转发设备才能向路由表中的其他网段转发数据包。

在实际广域网传输中，到达目的网络的路径并不是独一无二的，因此还需要按照不同路由所定义的标准来标识各条路径的优劣，以便路由器可以根据相应数据协议的算法，推算出最优路径。如图 4-2-4 所示，源主机想去往目的主机 A 的网络，首先它询问路由器我要去往目的网段应该走哪条路，路由器查找路由表后，根据路由信息将数据包发送到目的主机，告诉源主机你要找主机 A 需要走左边的网络 1，这样就完成一次非直连网段的通信，即一次路由控制的过程。

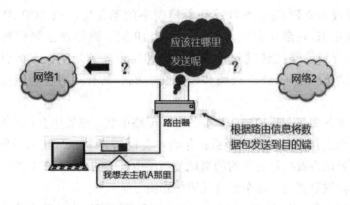

图 4-2-4　路由控制的过程

2. 个人电脑的路由

在日常生活中，我们最熟悉的路由表莫过于自己电脑上的路由信息，操作方法也很简单，以管理员身份运行命令提示符，并输入"route print"指令，如图 4-2-5 所示。

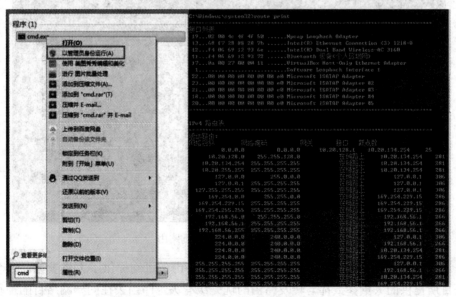

图 4-2-5　Windows 主机查询路由

图 4-2-5 中 IPv4 路由表包括网络目标、网络掩码、网关、接口和跃点数。路由器发送数据包时所使用的地址是网络层的地址，即 IP 地址。然而仅仅有 IP 地址还不足以实现将数据包发送到对端目标地址，在数据发送过程中还需要类似于"指明路由器或主机"，以便真正发往目标地址。保存这种信息的就是路由表，路由器将所有关于如何到达目标网络的最佳路径信息以数据库表的形式存储起来。

3. 三层设备的路由

何为三层设备？网络层是 OSI 参考模型中的第 3 层，在 TCP/IP 协议体系中的网络层功能由 IP 规定和实现，因此又称为 IP 层。网络层主要解决如何将数据包从源端找到合适的路径转发到目的端，这和路由器的功能不谋而合，所以路由器是典型的三层设备，另外防火墙和三层交换机等具有网络层功能设备均可以称为三层设备。

三层网络设备中都会维护一张重要的表，即路由表，该表中会存放去往各个网络的路由信息。当三层设备收到一个数据包后，会根据 IP 协议取出目的网络地址，再查询路由表，尝试将数据包的目的网络地址与路由表中的条目进行匹配，以此来判断该从哪个接口转发数据包，这个过程就叫作路由寻址。

如图 4-2-6 所示，display ip routing-table 指令可以在华为的路由器上查询完整的路由表。

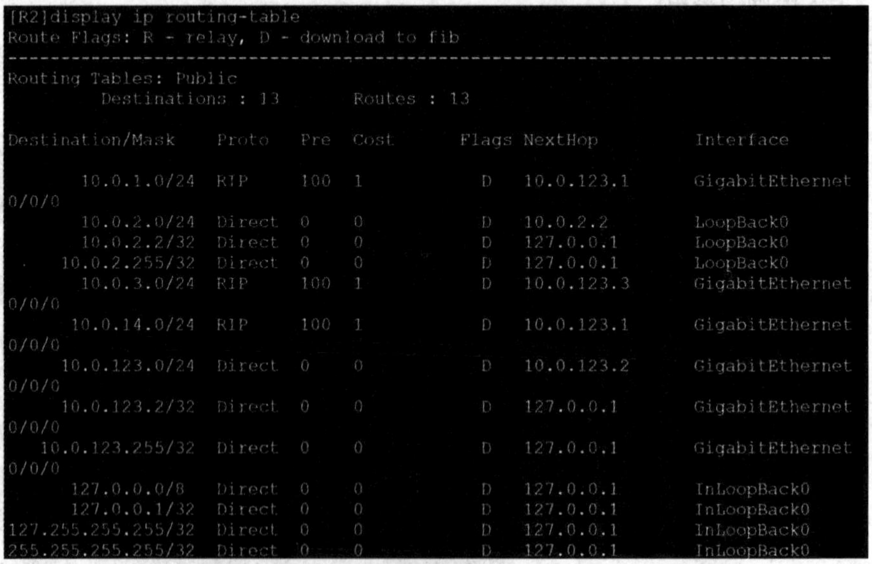

```
[R2]display ip routing-table
Route Flags: R - relay, D - download to fib
------------------------------------------------------------
Routing Tables: Public
        Destinations : 13       Routes : 13

Destination/Mask    Proto   Pre  Cost      Flags NextHop        Interface

      10.0.1.0/24   RIP     100  1          D    10.0.123.1     GigabitEthernet
0/0/0
      10.0.2.0/24   Direct  0    0          D    10.0.2.2       LoopBack0
      10.0.2.2/32   Direct  0    0          D    127.0.0.1      LoopBack0
    10.0.2.255/32   Direct  0    0          D    127.0.0.1      LoopBack0
      10.0.3.0/24   RIP     100  1          D    10.0.123.3     GigabitEthernet
0/0/0
     10.0.14.0/24   RIP     100  1          D    10.0.123.1     GigabitEthernet
0/0/0
    10.0.123.0/24   Direct  0    0          D    10.0.123.2     GigabitEthernet
0/0/0
    10.0.123.2/32   Direct  0    0          D    127.0.0.1      GigabitEthernet
0/0/0
  10.0.123.255/32   Direct  0    0          D    127.0.0.1      GigabitEthernet
0/0/0
     127.0.0.0/8    Direct  0    0          D    127.0.0.1      InLoopBack0
     127.0.0.1/32   Direct  0    0          D    127.0.0.1      InLoopBack0
127.255.255.255/32  Direct  0    0          D    127.0.0.1      InLoopBack0
255.255.255.255/32  Direct  0    0          D    127.0.0.1      InLoopBack0
```

图 4-2-6　路由器上查询路由

这台路由器的路由表共有 13 条路由，每个路由条目均提供了大量参数。各个路由条目所提供的大量参数都与转发路由的优先级有关，即当去往同一网络目的地存在多条路由时，设备该如何根据这些参数做出选择。

路由表中包含了下列关键项：

(1) 目的 (destination) 地址：用来标识 IP 目的地址或目的网络。

(2) 网络掩码 (mask)：在初识 IP 地址内容中已经介绍了网络掩码的结构和作用，它是用来标识 IP 地址中网络号所占的位数，确定 IP 地址的结构。

(3) 输出接口 (interface)：指明 IP 数据包从该路由器的哪个接口转发出去。

(4) 下一跳 IP (nexthop) 地址：指明 IP 数据包所经由的下一个路由器的接口地址。

知识点2　静态路由

路由协议是在路由指导 IP 数据包发送过程中事先约定好的规定和标准。它通过在路由器之间共享路由信息来支持可路由协议，创建了路由表，描述了网络拓扑结构。

路由协议分为静态路由协议 (static routing protocol) 和动态路由协议 (dynamic routing protocol)。如果一个路由器中既配置了动态路由，又配置了静态路由，在路由转发时，静态路由优先于动态路由。

1. 静态路由简介

静态路由是一种特殊的路由，由网络管理员采用手动方法在路由器中配置而成。早期的网络规模不大，路由器的数量很少，路由表也相对较小，通常采用手动的方法对每台路由器的路由表进行配置，即静态路由。这种方法适合于规模较小，路由表也相对简单的网络使用，它较简单，容易实现，沿用了很长一段时间。但随着网络规模的增长，在大规模的网络中路由器的数量很多，路由表的表项较多，较为复杂。在这样的网络中对路由表进行手动配置除了配置繁杂外，还有一个最明显的问题就是不能自动适应网络拓扑结构的变化。对于大规模网络而言，如果网络拓扑结构改变或者网络链路发生故障，那么路由器上指导数据包转发的数据表也会发生相应的变化。如果还是采用手动的方法配置路由表，则管理员的工作难度和复杂度非常高。

在小规模的网络中，静态路由也有它的一些优点。

(1) 手动配置可以精确控制路由选择，改进网络性能。

(2) 静态路由不会像动态路由那样，要求路由器之间频繁地交换各自的路由表，更加安全。

(3) 静态路由可以实现负载均衡和路由备份。

2. 静态路由配置

如图 4-2-7 所示，路由器 R1 和路由器 R2 的直连网段为 20.0.12.0/24，路由器 R1

左边的网段为 192.168.1.0/24，路由器 R2 右边网段为 192.168.2.0/24，由两个路由器连接三个网段，要实现该网络中所有主机的互联互通，需要引入路由协议。

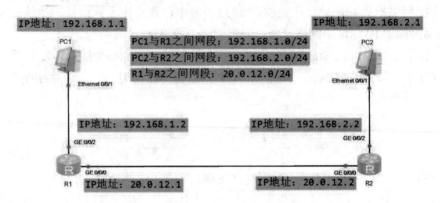

图 4-2-7 路由器连接不同网段

下面以华为系列路由器命令操作为主，讲解配置静态路由命令的格式：

ip route-static ip-address {mask|mask-length} interface-type interface-number [nexthop-address]

命令中主要参数解释如下：

(1) 目的地址 (ip-address)：用于标识数据包的目标地址或目标网络。

(2) 网络掩码 (mask|mask-length)：和目标地址一起来标识目标网络。把目标地址和网络掩码进行逻辑与运算，可以得到目标网络。

(3) 下一跳地址 (nexthop-address)：说明数据包所经由的下一跳地址。一般情况下，与路由器直接相连的其他设备接口的 IP 地址即是下一跳地址。

(4) 出接口 (interface-type, interface-number)：指定静态路由的出接口类型和接口号。对于接口类型为非 P2P 接口 (包括 NBMA 类型接口或播类型接口，如以太网接口、Virtual-Template、VLAN 接口等)，必须指定下一跳地址。

静态路由可以应用在串行网络或以太网中，但静态路由在这两种网络中的配置有所不同。在串行网络中配置静态路由时，只指定下一跳地址或只指定出接口。对于在串行接口默认封装 PPP 协议的路由器，静态路由的下一跳地址就是与接口相连的对端接口的地址，所以在串行网络中配置静态路由时可以只配置出接口。

那么图 4-2-7 对应的配置命令如下：

[R1]ip route-static 192.168.2.0 24 20.0.12.2

解析：表示在系统模式下，使用 ip route-static 指令定义静态路由，192.168.2.0代表目标网络号，24 表示子网掩码为 255.255.255.0，下一跳地址为 20.0.12.2(与本路由器直接相连的其他设备接口的 IP 地址)。

如图 4-2-8 所示查看路由表信息，对应的配置命令如下：

[R2]display ip routing-table

```
[R1]dis ip routing-table
Route Flags: R - relay, D - download to fib
------------------------------------------------------------------------------
Routing Tables: Public
         Destinations : 7        Routes : 7

Destination/Mask    Proto   Pre  Cost      Flags NextHop         Interface

      20.0.12.0/24  Direct  0    0           D   20.0.12.1       GigabitEthernet
0/0/0
      20.0.12.1/32  Direct  0    0           D   127.0.0.1       GigabitEthernet
0/0/0
      127.0.0.0/8   Direct  0    0           D   127.0.0.1       InLoopBack0
      127.0.0.1/32  Direct  0    0           D   127.0.0.1       InLoopBack0
    192.168.1.0/24  Direct  0    0           D   192.168.1.2     GigabitEthernet
0/0/2
    192.168.1.2/32  Direct  0    0           D   127.0.0.1       GigabitEthernet
0/0/2
    192.168.2.0/24  Static  60   0           RD  20.0.12.2       GigabitEthernet
0/0/0
```

图 4-2-8 路由表

图 4-2-8 中，带有 static 的路由条目是刚刚添加的静态路由，这条路由意味着，如果数据包想到达 192.168.2.0/24 目的网络，需要借助下一跳地址 20.0.12.2 的路由器接口把数据转发出去。

3. 静态路由的种类

静态路由主要分为直连路由和默认路由。

1) 直连路由及配置

当路由器的接口配置了 IP 地址并处于激活状态时，该 IP 地址即是路由器的直连路由，每个路由器接口必须独占一个网段。结合图 4-2-7，给路由器 R1 的两个接口配置 IP 地址，观察其直连路由。配置命令如下：

```
<Router>system-view
[R1]int GigabitEthernet 0/0/0
[R1-GigabitEthernet0/0/0]ip address 20.0.12.1 24
[R1-GigabitEthernet0/0/0]undo shutdown
[R1]int GigabitEthernet 0/0/2
[R1-GigabitEthernet0/0/2]ip address 192.168.1.2 24
[R1-GigabitEthernet0/0/2]undo shutdown
```

首先进入相应的接口，用命令 ip address 配置接口 IP 地址，R1 的直连网段分别是 20.0.12.1/24 和 192.168.1.2/24。配置完毕后，用 undo shutdown 命令激活各个接口。如图 4-2-8 所示，路由表中会出现协议类型为 Direct 的直连路由。

在直连路由的基础上，总结出配置静态路由的步骤如下：

(1) 为路由器每个接口配置 IP 地址。

(2) 确定有哪些网段与路由器直接连接，并配置直连路由。

(3) 确定有哪些网段与路由器不是直接连接，并用静态路由的方式配置非直连路由。

(5) 查看路由表信息，检查目的网络是否添加到路由表中。

2) 默认路由及配置

在通信网络中，默认路由 (default route) 是路由表中一种特殊的静态路由，当网络中报文的路由无法匹配到当前路由表中的路由记录时，默认路由用来指示路由器或网络主机将该报文发往指定的位置。

考虑某公司使用一台路由器连接到互联网情况：路由器有一端连接公司内部，另一端和互联网络连接。由于路由表不可能描述互联网上的所有网络的路由，因此，这种情况使用默认路由是最佳选择。

路由器收到数据包以后，如果在路由表中无法找到与目的地址相匹配的路由表项，则数据包将通过默认路由从接口发出。默认路由可以减少路由表中的路由记录的数目，降低路由器配置的复杂程度，放宽对路由器性能的要求。

简单地说，默认路由就是在没有找到匹配的路由表入口项时才使用的路由，即只有当没有合适的路由时，默认路由才被使用。默认路由既然属于静态路由的一种，那么它的配置就和静态路由是一样的，在路由表中，默认路由以 0.0.0.0/0 的路由形式出现。用 0.0.0.0 作为目标网络号，用 0.0.0.0 作为子网掩码，所有的网络都会与这条路由记录相符。每个 IP 地址与 0.0.0.0 进行二进制"与"操作后的结果都得 0，与目标网络号 0.0.0.0 相等。也就是说用 0.0.0.0/0 作为目标网络的路由记录适合所有的网络，我们称这种路由为缺省路由或默认路由。如图 4-2-9 所示，Windows 主机路由条目的第一条即是默认路由，从主机上发出的所有数据包，一旦找不到合适的路由条目，则会从默认路由对应的下一跳地址 10.20.128.1 转发数据。

图 4-2-9　Windows 主机的默认路由

知识点3 动态路由

1. 动态路由简介

市面上较大规模的网络 (大型集团网络、互联网服务提供商)，如果通过手动指定路由转发策略，将会加大网络管理人员的工作量和工作难度。动态路由协议可以很好地解决这一问题。

在动态路由中，管理员不再需要对路由器上的路由表进行手动维护，而是在每台路由器上运行一个路由表的管理程序。这个路由表的管理程序会根据路由器上接口的配置及所连接的链路的状态，生成路由表中的路由表项，而管理程序即动态路由协议。

在路由器上激活了动态路由协议后，路由器之间就能够交互路由信息或者用于路由计算的数据，当网络拓扑结构发生变更时，动态路由协议能够感知这些变化并且自动地做出响应，从而使得网络中的路由信息适应新的拓扑结构，这种动作完全由协议自动完成，无需人为干预。因此在一个规模较大的网络中，往往会使用动态路由协议，或者静态路由与动态路由协议相结合的方式来建设该网络。

使用动态路由协议的网络，如果网络拓扑发生变化，或有新的网络加入，只要在新增路由器配置相同版本协议的动态路由即可，不需要像静态路由那样，在所有的路由器上进行设置。对于规模较大的网络，使用动态路由协议是一个非常方便的过程。如图 4-2-10 所示，路由器 A 和路由器 B 通过动态路由协议，相互学习各自所连接的网络。路由器 A 左边与网络 A 连接，右边与路由器 B 直连，路由器 B 右边连接网络 B 和网络 C，通过动态路由协议，它们交换各自连接网段的信息，进而学习全网拓扑信息，实现网络的互联互通。

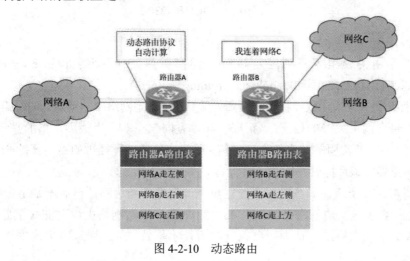

图 4-2-10　动态路由

2. 动态路由的分类

1) 基于工作范围分类

动态路由协议主要分为 EGP(Exterior Gateway Protocol，即外部网关协议) 和 IGP(Interior Gateway Protocol，即内部网关协议) 两大类。EGP 和 IGP 的关系类似网络地址中网络号和主机号的关系，EGP 在各区域网络之间进行路由选择，IGP 则在网络内部进行主机识别。

如图 4-2-11 所示，Internet 将整个互联网划分为许多较小的自治系统 (Autonomous System，AS)。一个自治系统就是一个互联网，最重要的特点就是自治系统有权自主地决定在本系统内应采用何种路由选择协议。IGP 是在一个自治系统内部使用的路由选择协议，目前这类路由选择协议使用得最多，如 RIP、IS-IS 和 OSPF 协议。EGP 则被用于自治系统之间，实现路由信息的交互，常用的外部网关协议是 BGP。

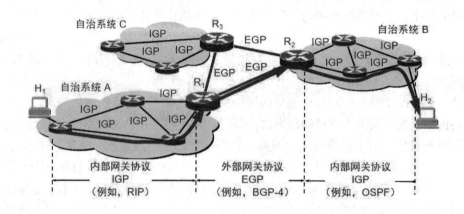

图 4-2-11　IGP 和 EGP

2) 基于协议算法分类

动态路由协议根据算法还可以分为距离矢量路由协议 (distance vector routing protocol) 和链路状态路由协议 (link-state routing protocol)。

(1) 距离矢量路由协议：指根据距离矢量算法，确定网络中节点的方向与距离。"距离矢量"包含两个关键的信息："距离"和"方向"。其中，"距离"指的是到达目标网络的度量值，通常用跳数来作为度量值，即到达目的地所经过的路由器的个数；"方向"指的是到达该目标网络的下一跳设备。

如图 4-2-12 所示，源主机想去往主机 A，数据包到达路由器后不知道走哪一边，路由器告知数据包左边网络去往主机 A 的距离是 3，右边网络去往主机 A 的距离是 6，根据距离矢量路由算法，认为距离越近的路径才是最佳的，所以指导数据包走左边，这就是距离矢量路由协议的路由控制过程。

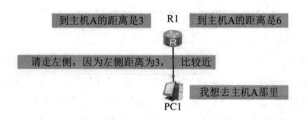

图 4-2-12 距离矢量路由协议

　　每一台运行距离矢量路由协议的路由器都会周期性地将自己的路由表通告出去，其直连的路由器会收到这些路由信息，学习通告的路由并更新自己的路由表，最终网络中的每台路由器都能获取到达各个网段的路由，这种路由学习的过程也称为路由的泛洪 (flooding)。RIP(Routing Information Protocol，即路由信息协议) 就是采用上述路由控制的方式获取非直连的路由信息，是一种典型的距离矢量路由协议。

　　RIP 是早期的路由协议，配置简单，用跳数计算路由的距离，最大支持直径为 15 个路由器的网络。如图 4-2-13 所示，主机 A 到主机 B 有两条路径，如果数据包走上面的路径经过 4 个路由器才能到达主机 B，但是如果数据包走下面的路径只需经过 2 个路由器，根据跳数的概念，RIP 会选择下面跳数为 2 的路径作为主机 A 去往主机 B 的最佳路径。但是 RIP 的缺点也是显而易见的，上面的路径采用 2 M 线缆，数据传输的速率明显高于下面的 56 kb/s，因此仅仅以跳数作为衡量最佳路径的方法不太全面。

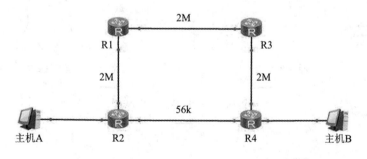

图 4-2-13 RIP

　　(2) 链路状态路由协议：与距离矢量路由协议不同，运行链路状态路由协议的路由器会使用一些特殊的信息描述网络的拓扑结构，这些信息被称为链路状态 (link state) 信息，包括链路的带宽、状态信息，以此作为衡量到达目的网络的最佳路径。

　　OSPF(Open Shortest Path First，即最短路径优先) 协议是链路状态路由协议的代表，适应中大型规模的网络，目前 Internet 的路由结构就是在自治系统内部采用 OSPF，在自治系统之间采用 BGP。OSPF 协议从设计上就保证了无路由环路，它支持区域的划分，区域内部的路由器使用 SPF 最短路径算法，保证了区域内部的无环路。

如图 4-2-14 所示，每台运行 OSPF 的路由器都了解整个网络的链路状态信息，这样才能计算出到达目的地的最优路径。OSPF 的收敛过程由 LSA(Link State Advertisement，即链路状态公告) 泛洪开始，LSA 中包含了路由器已知的接口 IP 地址、掩码、开销和网络类型等信息。收到 LSA 的路由器都可以根据 LSA 提供的信息建立自己的 LSDB(Link State Database，即链路状态数据库)，并在 LSDB 的基础上使用 SPF 算法进行运算，建立起到达每个网络的最短路径树。最后，通过最短路径树得出到达目的网络的最优路由，并将其加到 IP 路由表中。

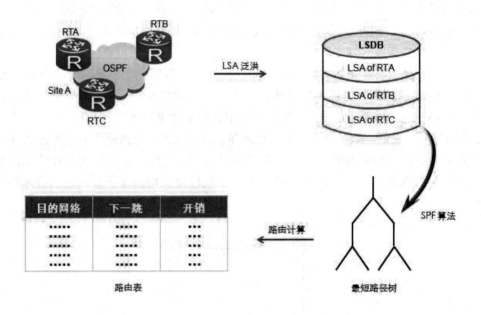

图 4-2-14　OSPF 协议工作原理

知识点4　无线 AP

1. AP 简介

AP，即无线接入点，它类似于无线网络交换机，也是无线网络的核心。AP 是移动计算机用户进入有线网络的接入点，主要用于宽带家庭、大楼内部以及园区内部，覆盖距离一般为几十米至上百米，目前主要技术为 802.11 系列。大多数 AP 还带有接入点客户端模式 (AP client)，可以和其他 AP 进行无线连接，延展网络的覆盖范围。

AP 的工作原理是把双绞线传送的网络信号经过编译，实现电信号与无线电讯号之间的转换，形成无线网的覆盖，根据不同的功率，可以实现不同程度和范围的网络覆盖，一般 AP 的最大覆盖距离可达 500 米。

2. AP 与无线路由器的区别

AP 的功能是把一个单位内的部分有线网络转换为无线网络，它是无线网和有线网之间沟通的桥梁。其信号范围为球形，搭建的时候最好放到比较高的地方，可以增加覆盖范围，AP 也就是一个无线交换机，它接入在有线交换机或是路由器上。

而无线路由器就是一个带路由功能的 AP，接入在光纤宽带线路上，通过路由器功能实现自动拨号接入网络，并通过无线功能，建立一个独立的无线家庭组网。

简单来说，无线路由器作为家庭网络设备主要用于一个家庭的无线局域网的构建，而 AP 作为企业级网络设备，可以集中管理一个集团内部几百个无线局域网。

3. AC + AP 无线组网方案

无线局域网系统一般由 AC 和 AP 组成。AC(Access Controller，即接入控制器)，是一种网络设备，负责管理某个区域内无线网络中的 AP，把来自不同 AP 的数据进行汇聚并接入 Internet，同时完成 AP 设备的配置管理，无线用户的认证、管理及宽带访问和安全等控制功能。

目前，AC 已经有了长足的发展，集成了三层交换机以及认证系统等众多功能，成为运营商以及企业部署无线局域网的必备设备。简单来讲，AP 是无线局域网的入口，AC 可以管理这些入口。

AC + AP 方案一直是企业无线网络的选择，也是目前唯一的方案。因为企业网络追求稳定和性能，家用路由器是无法满足的。在 AC + AP 的网络中，可以实现复杂的网络功能，比如调节 AP 的无线功率、控制 AP 的无线覆盖范围、调整无线终端的漫游体验、设置多个 SSID、设置多个 VLAN、设置访客专用无线、设置访客的 Portal 认证、虚拟专用网设置等，满足多样化复杂的网络需求。

任务实施

AC＋AP 组建校园网

采用 AC + AP 无线组网方案组建校园网，并引入云服务器 cloud，使校园网环境内的无线终端能够访问百度、淘宝和腾讯等外部网站。如图 4-2-15 所示，使用仿真软件 eNSP 搭建网络拓扑图，设置 1 台 AC6005(AC1)、1 台 AP6050(AP1)、1 台 S5700 交换机 (LSW1)、1 台笔记本 (STA1) 和 1 部手机终端 (Cellphone1)。

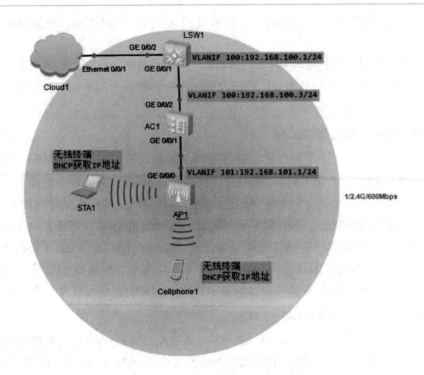

图 4-2-15　AP 和 AC 组建无线网络

实验步骤如下：

(1) 配置 AC 上端口的 VLAN。定义 VLAN 100 为业务 VLAN，VLAN 101 为管理 VLAN。按照以下命令在 AC6005 设备上创建 VLAN 100 和 VLAN 101。

> [AC6005]vlan 100 101

(2) 配置 AC 与交换机连接的 GE 0/0/2 接口。设置 GE 0/0/2 接口的链路类型为 trunk，允许所有的 VLAN 数据通过。其命令如下：

> [AC6005]interface GigabitEthernet0/0/2
>
> [AC6005-GigabitEthernet0/0/2]port link-type trunk
>
> [AC6005-GigabitEthernet0/0/2]port trunk allow-pass vlan all

(3) 配置 AC 与 AP 连接的 GE 0/0/1 接口。设置 GE 0/0/1 接口的链路类型为 trunk，修改 PVID 为管理 VLAN 101。其命令如下：

> [AC6005]interface GigabitEthernet0/0/3
>
> [AC6005-GigabitEthernet0/0/1]port link-type trunk
>
> [AC6005-GigabitEthernet0/0/1]port trunk pvidvlan 101
>
> [AC6005-GigabitEthernet0/0/1]port trunk allow-pass vlan all

(4) 在 AC 上创建地址池 huawei，配置 VLANIF 接口和 DHCP 功能，使得 AP 和主机能够自动获取 IP 地址。其命令如下：

```
[AC6005]ip pool huawei

[AC6005-ip-pool-huawei]gateway-list 192.168.100.254

[AC6005-ip-pool-huawei]excluded-ip-address 192.168.100.201 192.168.100.253

[AC6005-ip-pool-huawei]dns-list 192.168.100.254
```

返回系统模式，配置虚拟局域网接口 VLANIF100，使得 PC 通过全局地址池获取 IP 地址。其命令如下：

```
[AC6005]interface Vlanif100

[AC6005-Vlanif100]ip address 192.168.100.3 255.255.255.0

[AC6005-Vlanif100]dhcp select global
```

配置虚拟局域网接口 VLANIF101，使得 AP 通过接口地址池自动获取 IP 地址。其命令如下：

```
[AC6005]interface Vlanif101

[AC6005-Vlanif101]ip address 192.168.100.3 255.255.255.0

[AC6005-Vlanif101]dhcp select global
```

(5) 在 AC 上创建 AP 组，配置 AC 的源接口。其命令如下：

```
[AC6005] wlan

[AC6005-wlan-view]ap-group name ap1

[AC6005-wlan-ap-group-ap-group1]quit

[AC6005-wlan-view]regulatory-domain-profile name domain1

[AC6005-wlan-regulate-domain-domain1]ap-group name ap1

[AC6005-wlan-regulate-domain-domain1] country-code CN

[AC6005-wlan-regulate-domain-domain1]quit

[AC6005-wlan-view]ap-group name ap

[AC6005-wlan-ap-group-ap1-group1] regulatory-domain-profile domain1

[AC6005-wlan-ap-group-ap1-group1] quit

[AC6005-wlan-view] quit

[AC6005] capwap source interface vlanif 101
```

(6) 创建 AP 组。如图 4-2-16 所示，在 AC 上创建 AP 组，配置认证模式，注意该 MAC 地址为 AP 设备的 MAC 地址。其命令如下：

```
[AC6005] wlan

[AC6005-wlan-view]ap auth-mode mac-auth

[AC6005-wlan-view]ap-id 0 ap-mac 00e0-fc7b-7ad0

[AC6005-wlan-ap-0]ap-name area_1

[AC6005-wlan-ap-0]ap-group ap

[AC6005-wlan-ap-0] quit
```

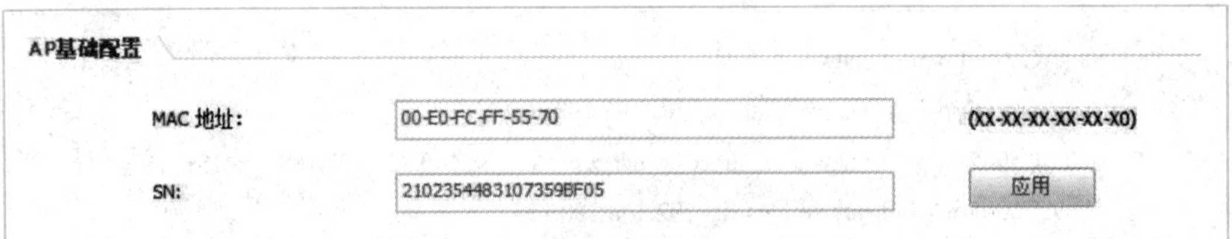

图 4-2-16　AP 配置界面

(7) 启动 AP 设备。执行命令 display ap all，如果查看到 AP 的"State"字段为"nor"，则表示 AP 正常启动上线。

(8) 配置无线局域网的认证功能。按照如下命令设置无线局域网的认证类型为 wpa2，密码为 huawei@123：

```
[AC6005]wlan

[AC6005-wlan-view] security-profile name sec

[AC6005-wlan-sec-prof-wlan-security] security wpa2 psk pass-phrase huawei@123 aes

[AC6005-wlan-sec-prof-wlan-security] quit
```

(9) 创建 SSID 模板。配置 SSID 名称为"huawei"。其命令如下：

```
[AC6005]wlan

[AC6005-wlan-view] ssid-profile name ssid

[AC-wlan-ssid-prof-wlan-ssid] ssidhuawei

[AC-wlan-ssid-prof-wlan-ssid] quit
```

(10) 创建 VAP 模板。按照如下命令配置业务数据转发模式为隧道模式，绑定业务 VLAN，并且引用安全模板和 SSID 模板：

```
[AC6005]wlan

[AC6005-wlan-view] vap-profile name vap

[AC6005-wlan-vap-prof-wlan-vap] forward-mode tunnel

[AC6005-wlan-vap-prof-wlan-vap]  service-vlanvlan-id 100

[AC6005-wlan-vap-prof-wlan-vap]  security-profile sec

[AC6005-wlan-vap-prof-wlan-vap]  ssid-profile ssid

[AC6005-wlan-vap-prof-wlan-vap]  quit
```

(11) 配置 AP 组引用 VAP 模板。AP 上射频 0 使用 VAP 模板的配置，因为实验中只有一个 AP，所以使用射频 0。其命令如下：

```
[AC6005]wlan

[AC6005-wlan-view] ap-group name ap

[AC6005-wlan-ap-group-ap-group1]  vap-profile wlan-vapwlan 1 radio 0

[AC6005-wlan-ap-group-ap-group1]  quit
```

(12) 无线局域网业务配置会自动下发给 AP。配置完成后，执行命令 display vap

ssid huawei，当"Status"项显示为"ON"时，表示 AP 对应的射频上的 VAP 已创建成功。

(13) 配置验证。在 STA(PC) 和 Cellphone 上进行连接测试，点击 SSID 为 huawei 的信号，并输入密码 huawei@123 进行连接，如图 4-2-17 所示。

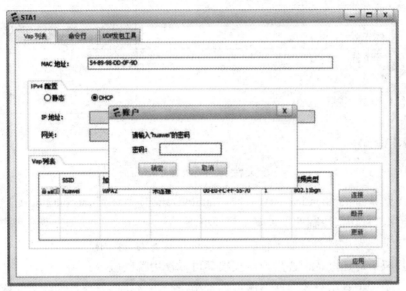

图 4-2-17　配置验证

(14) 手机联网情况测试。如图 4-2-18 所示，手机能够连接上 SSID 为"huawei"的无线局域网，进一步测试手机是否可以访问百度和淘宝等应用，并抓包分析 AC+AP 组网方案中数据包。

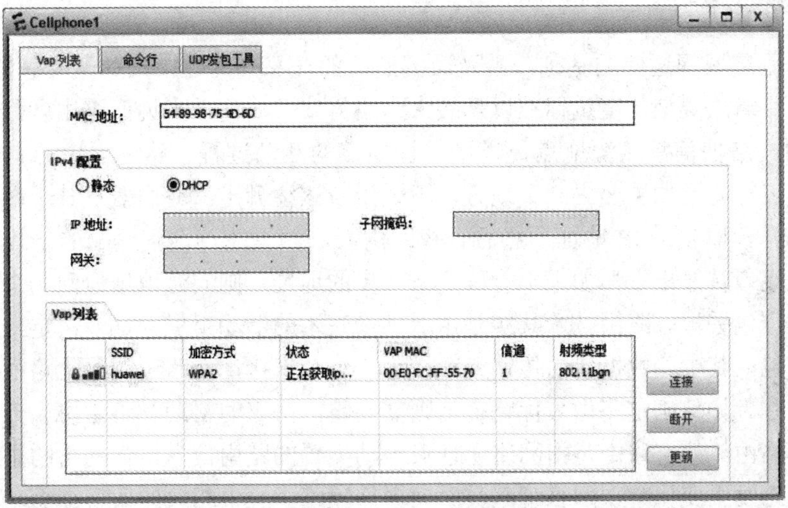

图 4-2-18　手机连接无线局域网

(15) 实验结果分析。分别在 AC 和 AP 上查看路由表，并把路由信息填入表 4-2-2 中。

表 4-2-2 路由表信息

	AC	AP
目的网络/掩码		
协议		
优先级		
开销值		
路由标记		
下一跳地址/接口		

知识拓展

网络安全之 AAA 认证技术

AAA 是认证 (authentication)、授权 (authorization) 和计费 (accounting) 的简称，是网络安全中进行访问控制的一种安全管理机制，提供认证、授权和计费三种安全服务。

(1) 认证：对用户的身份进行验证，判断其是否为合法用户。

(2) 授权：对通过认证的用户，授权其可以使用哪些服务。

(3) 计费：记录用户使用网络服务的资源情况，这些信息将作为计费的依据。

AAA 是 Cisco 开发的一个提供网络安全的系统，一般采用 C/S(客户端 / 服务器) 模式，这种模式结构简单、扩展性好，且便于集中管理用户信息。AAA 客户端运行于 NAS(Network Access Server，即网络接入服务器) 上，AAA 服务器用于集中管理用户信息。

课程小结

路由是广域网通信的基础，涉及数据通信的一系列问题，诸如概念、原理算法、设计目标、算法类型、度量标准以及接入网络方式等。简单来说，路由就是指通过相互连接的网络把信息从源地点传送到目标地点的活动过程。路由器内部有一个路由表，这个表标明了如果要去某个地方，下一步应该往哪走。路由器从某个端口收到一个数据包，读取目的 IP 地址，然后查找路由表，如果能查询到匹配的条目，则把数据包从该端口转发出去，如果不能确定下一步的地址，则向源地址返回一个信息，并把这个数据包丢掉。路由技术其实是由两项最基本的活动组成的，即决定最优路径和传输数据包。其中，数据包的传输相对较为简单和直接，而路由的最优路径确定则更加复杂一些。如何确定路由最优路径，则需要路由协议的帮助。路由协议分为静态路由和动态路由。静态路由是指网络管理员手动配置的路由信息，当网络的拓扑结构或链路的状态发生变化时，网络管理员手动去修改路由表中相关的条目；而动态路由则会根据网络的链路状态，去往目的地的跳数自动规划数据包去往目的地的最优路径。因此，路由协议决定了选择最佳路径的策略。

做　中　学　　　学　中　做

一、选择题

1.（单选题）路由选择协议位于 OSI 参考模型的（　　）。

A. 物理层　　　　　　　　　　B. 数据链路层

C. 网络层　　　　　　　　　　D. 传输层

2.（单选题）网络中两个路由器之间的通信依靠的是（　　）。

A. IP 地址　　　　　　　　　　B. MAC 地址

C. 端口号　　　　　　　　　　D. MAC 地址表

3.（单选题）在 Windows 操作系统中，常用（　　）命令测试目的主机或路由器的可达性。

A. netstat　　　　　B. ping　　　　C. ipconfig　　　D. tracert

4.（单选题）一个路由器的路由表通常包含（　　）。

A. 目的网络和到达该目的网络的完整路径

B. 所有目的主机和到达该目的主机的完整路径

C. 目的网络和到达该目的地网络路径上的下一个路由器的 IP 地址

D. 互联网中所有路由器的 IP 地址

5.（单选题）以下属于三层网络设备的是（　　）。

A. 交换机　　　　B. 中继器　　　　C. 集线器　　　　D. 路由器

6.（单选题）下列不属于路由分类方式的是（　　）。

A. 动态路由　　　B. 静态路由　　　C. 直连路由　　　D. 无线路由

7.（单选题）下列关于 OSPF 协议的描述中，错误的是（　　）。

A. OSPF 是一种链路状态路由协议

B. 链路状态协议的度量一般是指费用、距离、延时和带宽等

C. 当链路状态发生变化时，链路状态路由协议使用泛洪法向所有路由器发送信息

D. 链路状态数据库中保存一个完整的路由表

8.（单选题）无线局域网采用的数据通信标准是（　　）。

A. 802.2　　　　B. 802.3　　　　C. 802.11　　　　D. 802.1Q

9.（多选题）关于 RIP 协议，下列说法正确的是（　　）。

A. RIP 是一种 IGP　　　　　　　B. RIP 是一种链路状态路由协议

C. RIP 是一种距离矢量路由协议　D. RIP 是一种 EGP

二、填空题

1. 在 Windows 电脑上查看路由表，需要在 cmd 模式下输入 _____ 命令。

2.动态路由协议可以分为 _____ 和 _____ 两类，根据算法，也可以分为 _____ 和 _____ 两类。

3.AP 为 Access Point 简称，一般翻译为 _____，其作用相当于局域网交换机。

三、简答题

1.简述路由器处理数据包的过程。

2.简述 OSPF 协议的工作原理。

3.绘制 AC + AP 的无线局域网组网拓扑图。

根据课堂学习情况和本任务知识点，进行评价打分，如表 4-2-3 所示。

表4-2-3 评 价 表

项目	评 分 标 准	分值	得分
接收任务	明确了解并运用路由技术的工作任务	5	
信息收集	掌握路由控制和无线局域网相关知识及操作要点	15	
制订计划	工作计划合理可行，人员分工明确	10	
计划实施	掌握静态路由的配置方法	30	
	掌握AC+AP的无线局域网组网配置方法	30	
质量检查	按照要求完成相应任务	5	
评价反馈	经验总结到位，合理评价	5	

项目五

互联网应用服务

Computer Network

任务 5.1　初识 Web

姓名：	班级：	学号：	日期：

 教学目标

1. 能力目标

具有运用超文本标记语言 HTML 编写简单网页的能力；具有运用 IIS 技术搭建 Web 服务器，并发布网站的能力。

2. 知识目标

了解 Web 服务的概念及相关协议，了解超文本标记语言 HTML 的规范，掌握 IIS Web 服务器搭建方法以及网站发布和测试流程。

3. 素质目标

培养实践动手能力、高度负责的责任心和学以致用的学习习惯，培养发现问题、分析问题和解决问题的思维模式。

4. 思政目标

做一个善良且有道德的大学生网民。

Web 服务技术出现的初衷是共享和传递信息，是为了广大网民互通有无。近年来，随着互联网的飞速发展，Web 服务传递消息的速度及广度大幅提升，但消息的质量却堪忧，在课程教学过程中教导学生要做一个善良且有道德的大学生网民。

 任务下发

某公司需要创建自己的门户网站并通过服务器发布到互联网上。首先运用 HTML 语言编写网页代码，接着运用 IIS 技术搭建 Web 服务器，并发布网站，最后对网站的性能进行监控和测试。

素质小课堂

应用层是学习网络协议的起点，大家最为熟悉的很多应用都在应用层。通过应用层的学习，有助于认知协议有关的知识。信息化时代各种网络应用程序层出不穷，微信、QQ 等社交软件高度普及，移动支付领先全球，在互联网应用方面向世界展示了中国人的智慧与创新能力。无论是安卓手机、苹果手机还是台式电脑，只是操作系统的区别，对于操作系统上运行的软件，均设置在应用层，开发者只需把精力集中在软件的应用层，而无需关注底层协议。

据了解，支付宝应用软件已经在 41 个国家和地区开通；微信软件也已经开通了 13 种不同币种的支付。以支付宝和微信支付为代表的中国移动支付企业，在"走出去"的实践中为国家的网络基础设施建设做出突出贡献，在建设 21 世纪数字丝绸之路过程中彰显了中国企业担当。在印度，蚂蚁金服用这种模式帮助当地运营商 Paytm，使其用户数量从 2015 年的 2500 万人增加到 2017 年的 2.5 亿人，一跃成为全球第三大电子钱包。这种全球领先的应用模式和技术能力，吸引了众多国家的关注。已有很多的国外企业直接找上门，寻求技术指导和合作。

大学生有编程的基础和条件，如果能积极动手开发网络应用程序，构思信息网络的应用，一定能够开发出更多满足人们生活需要的 APP 应用。

 知识准备

 知识点1　Web 概 述

WWW 即万维网，简称 Web，它是一种基于超文本和 HTTP 的、全球性的、动态交互的、跨平台的分布式图形信息系统。Web 提供一种友好的信息查询接口，将位于 Internet 上不同地点的相关数据信息有机地编织在一起，用户仅需提出查询要求，Web 自动完成并显示出用户所需应答。因此，Web 带来的是世界范围的超级文本服务，只要操纵电脑的鼠标，就可以通过 Internet 从全世界任何地方调来用户所希望的文本、图像、声音和视频等多媒体信息。

由于用户在通过 Web 浏览器访问信息资源的过程中，无需关心一些技术性的细节，而且界面非常友好，操作简单，因此 Web 在 Internet 上一推出就受到了热烈的欢迎，迅速得到了爆炸性的发展。

1. Web 的概念及标准

1）Web 的概念

Web 是 Internet 的多媒体信息查询工具，是近年来发展起来的交互式图形界面的 Internet 服务，它具有强大的信息链接功能，也是发展最快和目前使用最广泛的服务。Web 是一个大规模、联机式的信息储藏所，采用链接的方法能非常方便地从互联网上的一个站点访问另一个站点，从而主动获取丰富的信息。这种访问方式称为"链接"。Web 以客户端 / 服务器方式工作，如图 5-1-1 所示，浏览器是用户计算机上的 Web 客

户端程序，而 Web 文档存放的计算机运行服务器程序，因此这个计算机也称为 Web 服务器。

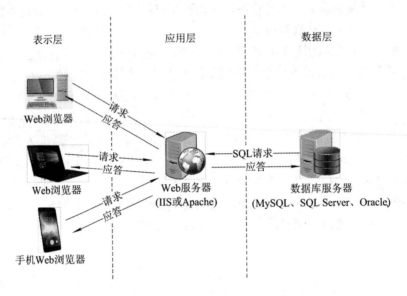

图 5-1-1　客户端 / 服务器方式

Web 分布式超媒体 (hypermedia) 系统如图 5-1-2 所示，它是超文本 (hypertext) 系统的扩充。一个超文本由多个信息源链接而成。利用一个链接可使用户找到另一个文档，这些文档可以位于世界上任何一个接在互联网上的超文本系统中。

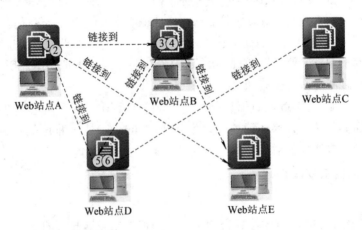

图 5-1-2　Web 分布式超媒体系统

Web 的目的是访问 Internet 上的网页，其最具吸引力的是它可以按需操作。当用户需要时，就能得到他所想要的内容。Web 服务是跨平台的，使用任何终端、操作系统、浏览器都可以访问 Internet 上的 Web 服务，如图 5-1-3 所示。

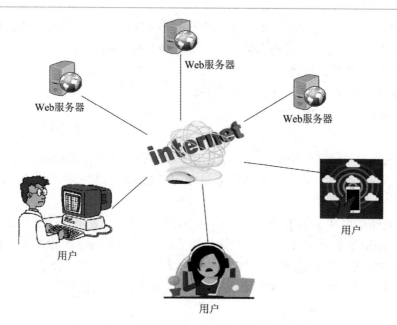

图 5-1-3　Web 服务方式

2) Web 的标准

由于浏览器各不相同，当用户浏览相同的页面时会存在差异，W3C(万维网联盟) 为此定制了一系列的标准，这就是 Web 标准。Web 标准是一系列标准的集合。W3C 是国际最著名的标准化组织，1994 年成立后，至今已发布近百项 Web 相关的标准，对 Web 发展做出了杰出的贡献。

2. 统一资源定位符 URL

统一资源定位符 (Uniform Resource Locator，URL) 也被称为网页地址，互联网上每个文件都有一个唯一的 URL，它包含的信息指出文件的位置以及浏览器处理该文件的方式。URL 相当于文件名在网络范围的扩展，换言之，URL 是 Internet 上访问对象的一个指针，这些对象包含文件、图片、音频、视频等。无论网站的服务器在哪里，只要客户端已经接入 Internet，那么用户在浏览器中输入网址，就可以访问指定的网站。

基本的 URL 包含模式 (或称协议)、服务器 DNS 名称 (或 IP 地址)、端口号 (如果有端口号则加上端口号)、路径和文件名，如 "协议 :// 授权 / 路径？查询"。以下是完整的、带有授权部分的普通 URL 语法：

< 协议 >://< 主机名 >:< 端口号 >/ 目录 / 文件名 . 文件后缀？参数 = 值 # 标志

例如：https://baike.baidu.com/item/1487.html ？ fromid=7682460

注意：URL 不区分大小写。

1) 协议

协议 (scheme)：它告诉浏览器如何处理将要打开的文件。Internet 上最常用的协议是超文本传输协议 (Hyper Text Transfer Protocol，HTTP)，类似的其他协议如下：

(1) HTTPS——用安全套接字层传送的超文本传输协议；

(2) FTP——文件传输协议；

(3) file——当地电脑或网上分享的文件；

(4) Telnet——远程登录协议。

2) 主机名

主机名指的是计算机的地址，可以是 IP 地址或域名地址 (Domain Name System，DNS)。主机名之前也可以包含连接到服务器所需的用户名和密码 (例如：username: password@hostname)。

域名地址是与 IP 地址相对应的一串容易记忆的字符，由若干个 a ~ z 的拉丁字母、0 ~ 9 的阿拉伯数字及"-"""."符号构成，并按一定的层次和逻辑排列。目前也有一些国家在开发其他语言的域名，如中文域名。域名不仅便于记忆，而且在 IP 地址发生变化的情况下，通过改变解析对应关系，域名仍可保持不变，方便用户访问。

从大范围上讲，整个 Internet 是 DNS 域名空间，整个空间是由各级域名共同组成的，包括顶级域名、二级域名、三级域名、注册域名。域名由两个或两个以上的词构成，中间由点号分隔。最右边的词称为顶级域名，下面介绍几个常用的顶级域名：

(1) .com——用于商业机构，它是最常见的顶级域名。

(2) .net——最初是用于网络组织，例如因特网服务商和维修商。

(3) .org——是为各种组织包括非营利组织而定的。

表 5-1-1 展示了 6 个类别域名及其作用，而行政区域名有 34 个，分别对应于我国各省、自治区和直辖市。

表 5-1-1 类别域名

域名	作　用	示　例
ac	科研机构	http://thws.asia.ac/
com	工商金融企业	https://www.baidu.com/
edu	教育机构	https://www.pku.edu.cn/
gov	政府部门	http://www.wuhan.gov.cn/
net	互联网络信息中心和运行中心	http://www.cnnic.net.cn/
org	非营利组织	https://cn.wordpress.org/

3) 端口号

端口号就像门牌号一样，客户端可以通过 IP 地址找到对应的服务器，但服务器有很多端口，每个应用程序对应一个端口号，通过类似门牌号的端口号，客户端才能真正的找到该服务器。

为了对端口进行区分，将每个端口进行了编号，这就是端口号，表 5-1-2 列出了常用端口号对应的协议和语法示例。

表 5-1-2　常见服务默认端口号

服务类型	默认端口	内容	语法示例
FTP	20	文件传输协议	ftp://ftp.xiyou.edu.cn
FTP-Data	21	文件传输协议	ftp://169.254.42.30:21
SSH	22	SSH远程登录协议	ssh -p 22 user@host
Telnet	23	远程登录协议	Telnet://bbs.tsinghua.edu.cn
SMTP	25	简单邮件传输协议	smtp.163.com
HTTP	80	超文本传输协议	http://www.baidu.com
POP3	110	邮局协议	pop.qq.com
HTTPS	443	超文本传输安全协议	https://www.baidu.com

4）路径

路径参数用来指定要访问的对象在 Web 服务器上的文件路径，与本地主机文件的路径格式一样，以根目录"/"开始，由零或多个"/"符号隔开的字符串。如果是网站主页，一般就不需要输入路径，因为在部署网站时设置了访问的默认页面。比如访问 360 百科，地址是"https://baike.so.com/"。

3. HTTP 与 HTTPS

1）HTTP 请求报文和响应报文

HTTP 是应用层协议，是互联网上应用最为广泛的一种网络协议，是万维网生态系统的核心。HTTP 定义了浏览器如何向 Web 服务器请求文档，以及服务器如何把文档回传给浏览器的过程。从层次的角度看，HTTP 是面向事务的应用层协议，它规定了在浏览器和服务器之间的请求和响应的格式和规则，是 Web 上能够可靠交换文件的重要基础。

那么 HTTP 是如何实现浏览器和服务器之间互通的？从协议执行过程来说，浏览器要访问 Web 服务器时，首先要完成对 Web 服务器的域名解析。一旦获得了服务器的 IP 地址，浏览器将通过 TCP 向服务器发送连接建立请求。

如图 5-1-4 所示，每个 Web 站点都有一个服务器进程，它监听着 TCP 的 80 端口，检查是否有浏览器发出连接建立请求；一旦监听到连接建立请求，立即通过 TCP 三次握手，紧接着浏览器向服务器发出浏览某个页面的请求；服务器根据请求明细返回页面作为响应；整个请求响应流程结束后，释放 TCP 连接。需要注意的是，在浏览器和服务器之间的请求响应，必须按照规定的格式并遵循一定的规则，这些格式和规则即 HTTP。

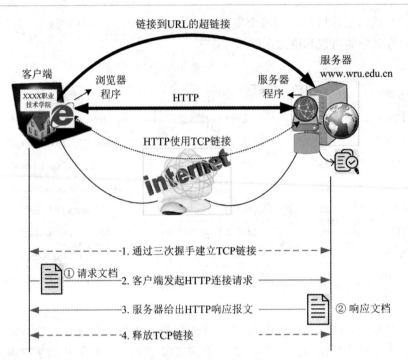

图 5-1-4 Web 工作过程

接下来了解 HTTP 的报文格式，HTTP 报文有以下两类，如图 5-1-5 所示。

(1) 请求报文：客户端向服务端发送的报文。

(2) 响应报文：服务端返回给客户端的报文。

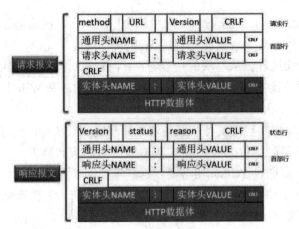

图 5-1-5 HTTP 报文

请求报文：请求报文中的第一个字段 method(方法)，它是面向对象技术中的专有名词，是指对所请求对象进行的操作，这些方法实际上是一些命令。因此，请求报文的类型是由它所采用的方法决定的，常用的方法如表 5-1-3 所示。

表 5-1-3　常用报文请求方法

方法	意　义
OPTION	请求一些选项的信息
GET	请求读取由URL所标志的信息
HEAD	请求读取由URL所标志的信息的首部
POST	给服务器添加信息
PUT	在指明的URL下存储一个文档
DELETE	删除指定的URL所标志的资源
TRACK	请求服务器回送收到的请求信息，主要用于测试或诊断
CONNECT	保留将来使用
OPTIONS	请求查询服务器的性能，或者查询与资源相关的选项和需求

响应报文：在接收和解释请求消息后，服务器返回 HTTP 响应消息。HTTP 响应报文由三个部分组成，分别是状态行、消息报头和响应正文。

状态行格式如下：

HTTP-Version Status-Code Reason-Phrase CRLF

其中，HTTP-Version 表示服务器 HTTP 的版本；Status-Code 表示服务器发回的响应状态代码；Reason-Phrase 表示状态代码的文本描述。

状态代码由三位数字组成，第一个数字定义了响应的类别，且有以下五种可能取值：

(1) 1××：指示信息——表示请求已接收，继续处理。

(2) 2××：成功——表示请求已被成功接收、理解、接受。

(3) 3××：重定向——要完成请求必须进行更进一步的操作。

(4) 4××：客户端错误——请求有语法错误或请求无法实现。

(5) 5××：服务器端错误——服务器未能实现合法的请求。

常见状态代码、状态描述、状态说明见表 5-1-4。

表 5-1-4　常见状态

状态码	状态描述	状 态 说 明
200	OK	客户端请求成功
304	If-Modified-Since	被请求的资源内容没有发生更改
400	Bad Request	客户端请求有语法错误，不能被服务器所理解
401	Unauthorized	请求未经授权，这个状态代码必须和WWW-Authenticate报头域一起使用
403	Forbidden	服务器收到请求，但是拒绝提供服务
404	Not Found	请求资源不存在，例如：输入了错误的URL

续表

状态码	状态描述	状态说明
408	Request Timeout	请求超时。客户端可以再次提交这一请求而无需任何修改
500	Internal Server Error	服务器发生不可预期的错误
503	Server Unavailable	服务器当前不能处理客户端的请求，一段时间后可能恢复正常
504	Gateway timeout	网关超时，指服务器作为网关或代理，但是没有及时从上游服务器收到请求

2) HTTP 抓包分析

本小节采用 Wireshark 软件抓取互联网上 HTTP 数据包，如图 5-1-6 所示，抓包工具位于客户端和服务端之间，抓取两端的网页协商数据，通过分析抓包结果，加深学生对 HTTP 报文格式的认识和理解。

图 5-1-6　抓包的原理

抓包步骤如下：

(1) 打开 Wireshark 软件，关闭已有的联网程序 (防止抓取过多的包)，开始抓包。

(2) 打开浏览器，输入 http 网站，网页打开后停止抓包。

(3) 如果抓到的数据包多而杂，可以借助过滤器滤出满足要求的协议包，如在过滤器输入 ip.addr==IP(以实际 IP 地址为准)，按"应用"进行过滤，如图 5-1-7 所示。在过滤结果中通过源 IP 地址和目的 IP 地址查找通信的相关数据包。

图 5-1-7　HTTP 抓包结果

(4) 在 CMD 窗口中 (单击"开始"菜单中的"运行"，在弹出的窗口中输入"cmd"，点击"确定"即可进入)，输入 ipconfig 后看到本地主机的 IP 地址为 192.168.124.13，然后输入 nslookup 域名，可以解析出本次通信中百度的 IP 地址为 124.193.98.183。

(5) 在过滤的结果中选中一条 HTTP 数据包，该包向 http://www.baidu.com 网站服务器发出 GET 请求，如图 5-1-8 所示。

	Time	Source	Destination	Protoc	Lengtl	Info
12	3.343755	192.168.124.13	124.193.98.183	HTTP	503	GET /tieluzhiyuan/Home/index.html HTTP/1.1
18	3.436915	192.168.124.13	124.193.98.183	HTTP	445	GET /tieluzhiyuan/HtmlResource/css/public.css HTTP/1.1
23	3.463017	124.193.98.183	192.168.124.13	HTTP	1183	HTTP/1.1 200 OK (text/html)
28	3.463483	192.168.124.13	124.193.98.183	HTTP	445	GET /tieluzhiyuan/HtmlResource/css/layout.css HTTP/1.1

图 5-1-8　HTTP GET 请求

(6) 选中该数据包后，打开该数据包封装明细区中 Internet Protocol 前的 "+" 号，显示该数据包中 IP 包的头部信息和数据区，如图 5-1-9 所示，即 HTTP 中 GET 方法的数据报文格式。

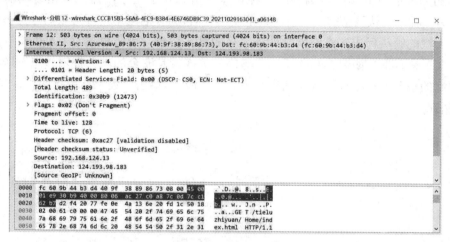

图 5-1-9　GET 数据包

通过以上抓包信息的解析可知，在 HTTP 请求过程中，客户端与服务器之间没有任何身份确认的过程，数据全部明文传输，相当于 "裸奔" 在互联网上，很容易遭到黑客的攻击。

HTTP 请求都是明文传输的，所谓的明文，指的是没有经过加密的信息，如果 HTTP 请求被黑客拦截，存在信息窃听、信息篡改和信息劫持的风险，如果信息里面含有银行卡密码等敏感数据的话，会非常危险。为了解决这个问题，Netscape 公司制定了 HTTPS，HTTPS 可以将 HTTP 数据加密传输，即便黑客在传输过程中拦截到数据也无法破译，保证了网络通信的安全。

3) HTTPS

HTTPS 是由 HTTP 加上 TLS/SSL(安全传输层协议) 构建的可进行加密传输、身份认证的网络协议，主要通过数字证书、加密算法、非对称密钥等技术完成互联网数据传输加密，实现互联网传输安全保护。HTTPS 的结构如图 5-1-10 所示，TLS/SSL 是介于 TCP 和 HTTP 之间的一层安全协议，不影响原有的 TCP 和 HTTP，所以使用

HTTPS 基本上不需要对 HTTP 页面进行太多的改造。

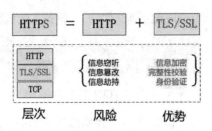

图 5-1-10 HTTPS 结构

　　HTTPS 的主要作用有两种：一种是建立信息安全通道，保证数据传输的安全性；另一种是确认网站的真实性，凡是使用了 HTTPS 的网站，都可以通过点击浏览器地址栏的锁头标志来查看网站认证之后的真实信息，也可以通过 CA 机构颁发的安全签章来查询。如图 5-1-11 所示，该网站的连接是安全的，并提示"您发送给这个网站的信息（例如密码或信用卡号）不会外泄"，单击"证书"，弹出如图 5-1-12 的证书窗口，即数字证书明细。

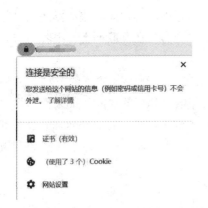

图 5-1-11　网站连接安全　　　　　　图 5-1-12　安全证书

　　数字证书是指在互联网通信中标志通信各方身份信息的一个数字认证，人们可以在网上用它来识别对方的身份，包括使用者信息、公钥和颁发机构的签名信息。

　　通过 CA 颁发的数字证书可以确认这一公钥是否属于某个用户，从而在复杂的网络中进行安全的数据传输。数字证书签发和验证流程如图 5-1-13 所示。

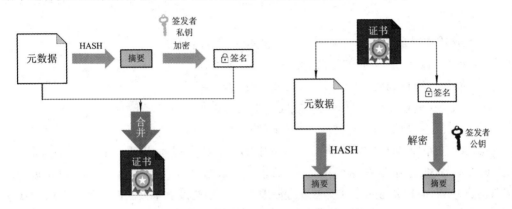

图 5-1-13　数字证书签发和验证流程

元数据经过 HASH 算法得到摘要信息，接着用签发者私钥对摘要加密获取签名，最后元数据加上摘要信息和签名就能够得到数字证书，以上即数字证书的签发流程。数字证书的验证流程即签发流程的逆过程。

在互联网中，所有的协议都遵循 TCP/IP 协议簇，HTTP 和 HTTPS 也不例外。如图 5-1-14 所示为两种协议在分层模式上的对比。

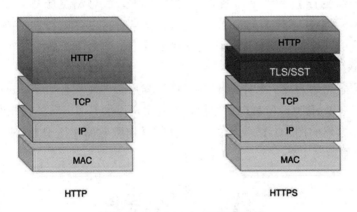

图 5-1-14　HTTP 与 HTTPS 对比

HTTP 与 HTTPS 的不同之处如下：

(1) 安全性：HTTP 是超文本传输协议，信息是明文传输，HTTPS 是由 TLS/SSL＋HTTP 构建的可进行加密传输、身份认证的网络协议，比 HTTP 安全。

(2) HTTPS 需要申请证书：HTTPS 需要到 CA 申请证书，一般免费证书较少，因而需要一定费用。

(3) 端口不同：HTTP 使用的是 80 端口，而 HTTPS 使用的是 443 端口。

(4) 所在层次不同：HTTP 运行在 TCP 之上，HTTPS 是运行在 TLS/SSL 之上的

HTTP 协议。

4. Web 服务

Web 的实现至少需要对下面几个层面的问题给出回答：

- 如何对这个展现超文本的页面进行创作和排版；
- 如何向用户描述这个页面所在的位置；
- 用户和放置这个页面的设备之间，如何传输页面的资源信息；
- 怎样使用户能够很方便地找到所需的信息。

怎样使各种 Web 文档能够在互联网中的计算机上显示出来，同时使用户清楚地知道在什么地方存在着超链接？采用超文本标记语言 (HyperText Markup Language，HTML) 使得 Web 页面的设计者可以方便地用一个超链接从本页面的某处，链接到互联网上的任何一个 Web 页面。目前 HTML 最新的版本是 HTML5，它就是一种高级网页技术。

使用 URL 来标志 Web 上的各种文档，使每一个文档在整个互联网的范围内具有唯一的标识符。

为了在 Web 上方便地查找信息，用户可使用各种搜索工具 (即搜索引擎)，常用搜索工具有谷歌、百度、必应、搜狗等。

Web 服务器也称为 WWW 服务器，它提供网上信息浏览服务。Web 服务器可以处理浏览器等 Web 客户端的请求并返回相应响应，也可以放置网站文件，让全世界浏览，还可以放置数据文件，让全世界下载。目前最主流的三个 Web 服务器是 Apache、Nginx 、IIS。

Web 服务采用客户端 / 服务器工作模式，客户端即浏览器 (browser)，服务器即 Web 服务器，它以 HTML 和 HTTP 为基础，为用户提供界面一致的信息浏览系统。

Web 服务原理如图 5-1-15 所示，Web 浏览器向服务器发送 HTTP 请求，服务器回复 HTTP 应答给浏览器。

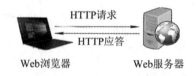

图 5-1-15　Web 服务原理

一般 Web 服务器会 24 小时运行服务器程序，及时响应用户请求，两者之间使用 HTTP 发送与接收数据。如图 5-1-16 所示，用户在浏览器输入网址后获取相应的网页信息，Web 服务器的工程流程如下：

(1) 浏览器分析超链接指向页面的 URL，获得服务器名字。

(2) 浏览器向默认 DNS 请求分析服务器域名对应 IP。

(3) DNS 解析出目标 IP 并告知浏览器。

(4) 浏览器使用 IP 与服务器连接。

(5) 浏览器发出请求信息。

(6) Web 服务器响应用户请求并把相应网页发送给浏览器。

(7) 浏览器接收页面所有数据，并断开服务器连接。

(8) 浏览器显示网页内容，同时等待用户操作。

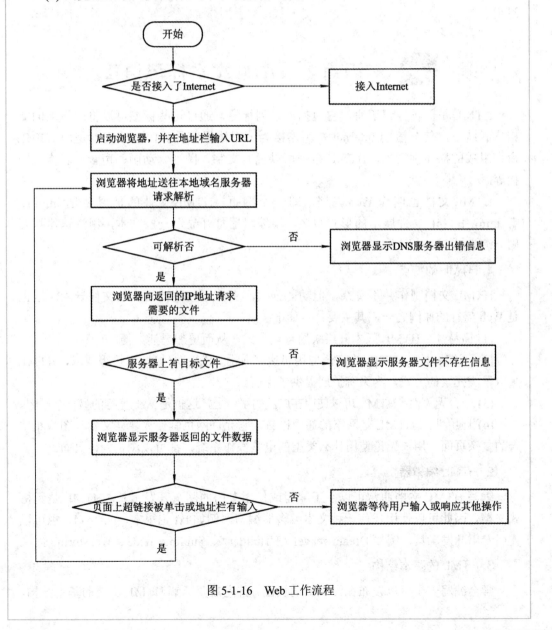

图 5-1-16　Web 工作流程

Web 服务器的工作原理并不复杂，一般可分为连接过程、请求过程、应答过程以及关闭连接 4 个步骤。

(1) 连接过程是 Web 服务器和浏览器之间建立起来的一种连接。

(2) 请求过程是 Web 的浏览器运用 socket 文件向其服务器提出各种请求。

(3) 应答过程是运用 HTTP 把在请求过程中所提出来的明细传输到 Web 服务器上，进而实施任务处理，然后把任务处理的结果返回到浏览器。

(4) 关闭连接即当上一个步骤完成后，Web 服务器和其浏览器之间断开连接的过程。

知识点2　HTML文本标记语言

HTML 是一种标记语言，它包括一系列标签，通过这些标签可以将网络上的文档格式统一，使分散的 Internet 资源连接为一个逻辑整体。HTML 文本是由 HTML 命令组成的描述性文本，HTML 命令可以说明文字、图形、动画、声音、表格、链接等。

HTML 文档也叫作 Web 文档，即一个网页，HTML 文件的扩展名是 .html 或者 .htm，HTML 文件展示的形式很多，用编辑器打开显示一般文本，用浏览器打开则会渲染成丰富的网页。

1. HTML 的特点

HTML 文档制作并不复杂，但功能强大，支持不同数据格式的文件导入，这也是 Web 盛行的原因之一，其主要特点如下：

(1) 简易性：HTML 版本升级采用超集方式，从而更加灵活方便。

(2) 可扩展性：HTML 的广泛应用带来了加强功能，增加标识符等要求，HTML 采取子类元素的方式，为系统扩展提供了保证。

(3) 平台无关性：HTML 可以使用在广泛的平台上，这也是 Web 盛行的另一个原因。

(4) 通用性：　HTML 是网络的通用语言，它允许网页制作人建立文本与图片相结合的复杂页面，用户无论使用什么类型的电脑操作系统，都可以浏览到该页面。

2. HTML 编辑器

编写 HTML 文档通常可以手工编写或使用专门的网页开发工具。HTML 是无格式文档，因此可以使用任何一种文本编辑器编写，例如 txt 记事本、notepad，也可以使用专用开发工具，例如 Dreamweaver、HBuilderX、Sublime Text3、Webstorm 等。

3. HTML 的基本结构

学会编写一个可以发布在浏览器的页面，首先需要了解 HTML 文档的基本结构。

前面提到 HTML 文档由一系列标签组成，标签的元素则是需要展示的文本、图片、语音和视频等多媒体文件，HTML 文档本身就是一个用 <html> 标签标记的文档元素。Web 浏览器的作用是读取 HTML 文档，并以网页的形式显示其内容。需要注意的是，浏览器不会显示 HTML 标签，而是使用标签来解释页面的内容。如图 5-1-17 所示的 HTML 文本内容，用浏览器打开后如图 5-1-18 所示，标题显示"这是一个 HTML 模版"。

```
1    <!DOCTYPE html>
2    <html lang="en">
3    <head>
4        <meta charset="UTF-8">
5        <meta name="viewport" content="width=device-width,initial-scale=1.0">
6        <title>这是一个HTML模板</title>
7    </head>
8    <body>
9    内容
10   </body><!--HTML注释-->
```

图 5-1-17　HTML 模板

图 5-1-18　浏览器打开 HTML 模板示意图

首先 HTML 是我们常说的静态网页，文件的扩展名为 .html 或者 .htm。接下来结合图 5-1-17 分析 HTML 文档的结构特点。

(1) 该文本结构包括"头"部分 (head) 和"主体"部分 (body)，其中"头"部分提供关于网页的信息，"主体"部分提供网页的具体内容。

(2) HTML 由标签和内容组成。

(3) 标记符又称标签，用来控制网页内容显示效果，用 < > 括起来。标签名有以下三种表示方法：

　　< 标签名 > 文本 </ 标签名 >

　　<标签名属性名="属性值">文本</标签名>

　　< 标签名 >

(4) HTML 标签是由尖括号包围的关键词，比如 <html>。

(5) 标签名要小写，但标签名称中字母不区分大小写。

(6) 属性名要用双引号。

(7) 标签要闭合。

注意：当 HTML 文件不遵守规范时浏览器不会报错，并且会尽量地去解析，若是解析不成功，则不会显示该部分的网页效果。HTML 代码中，在需要对该部分代码进行一定的说明时可以插入注释，即对代码的解释，格式为：

<!--HTML 注释 -->

图 5-1-17 的头部描述中，<head> 和 </head> 是 HTML 文件头标记符，用来说明文档的整体信息，所标记的内容并不会出现在 Web 浏览器看到的窗体中，通常与某些标记符一起使用。如：<head></head> 里面放的是字符编码、关键字、css 样式链接、文档标题、是否启用移动设备适配模式等一些浏览器的基本设置，里面书写的内容不会在页面中显示，只供浏览器读取。头部描述通常与某些标记符一起使用，如：<title>…</title>，用来标识网页文件的标题，出现在浏览器的标题栏，一个网页仅能设置一个标题，并且只能出现在文件的头部；另外头部描述还可以与 <meta> 标志符一起使用，<meta> 标识符是用来提供文档的媒体信息，目的是便于浏览器识别网页内容或便于搜索引擎进行查找和分类。meta 元素被用于规定页面的描述、关键词、文档的作者、最后修改时间以及其他元数据。元数据可用于浏览器 (如何显示内容或重新加载页面)、搜索引擎 (关键词)，或其他 Web 服务，meta 元素使用实例如图 5-1-19 所示，显示了网页的文字编码为"UTF-8"，网页作者的姓名为"Author"标签等元数据。

```
4    <!--标记解码方式-->
5    <meta charset="UTF-8">
6    <!--标记网页的解码方式，说明网页使用的文字和语言-->
7    <meta http-equiv="Content-Type" content="text/html; charset=gb2312">
8    <!--标记搜索引擎在搜索你的页面时所取出的关键字-->
9    <meta name="Keywords" content="关键字">
10   <!--标记站点的主要内容-->
11   <meta name="Description" content="网站主要内容">
12   <!--标记文档作者名称，告诉搜索引擎你的站点制作者-->
13   <meta name="Author" content="作者名字">
14   <!--让当前viewport的宽度等于设备的宽度，同时不允许用户手动缩放-->
15   <meta name="viewport" content="width=device-width,initial-scale=1.0, maximum-scale=1.0, user-scalable=0">
```

图 5-1-19　meta 元素使用实例

4. 制作简单的网页

前面学习了 HTML 的相关知识点，下面通过制作一个简单的网页，对 HTML 语言的格式进行深入理解。

如果电脑上有 notepad、wordpad 或者 Dreamweaver 等 HTML 编写工具，可以直接使用这些工具新建 HTML 文档；如果没有，则采用记事本新建 HTML 文档，首先启动记事本，点击"开始"→"所有程序"→"附件"→"记事本"，如图 5-1-20 所示，把图中的代码写到记事本中。

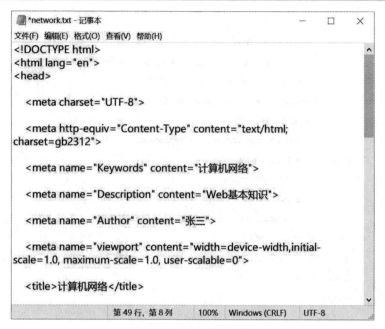

图 5-1-20 记事本编辑 HTML

代码编辑完毕后，在记事本文件菜单选择"另存为"，需要注意的是，保存 HTML 文件时，使用 .html 扩展名，最后启动浏览器，选择"文件"菜单的"打开文件"命令，或者直接在文件夹中双击 HTML 文件，图 5-1-21 是网页的显示结果。

图 5-1-21 网页显示结果

那么以上代码分别代表什么含义，为何可以被浏览器识别为网页信息？图 5-1-20 展示的 HTML 代码由"头"部分和"主体"部分组成，根据 HTML 文件中结构要求，其中"头"部分提供关于网页的信息，"主体"部分提供网页的具体内容。图 5-1-22 是该网站包含的全部代码。

```
<head>
    <meta charset="UTF-8">
    <meta http-equiv="Content-Type"content="text/html; charset=gb231，2">
    <meta name="Keywords"content="计算机网络">
    <meta name="Description"content="Web 基本知识">
    <meta name="Author"content="张三">
    <meta name="viewport"content="width=device-width,initial-scale=1.0,
maximum-scale=1.0, user-scalable=0">
    <title>计算机网络</title>
    <style type="text/css">
        hr{height: 2px;color: #00AAEE;background: #00AAEE}
div.p1{float: left;width: 40%;}
div.des{float: right;width: 58%;line-height: 30px;}
img{width: 100%;}
</style>
</head>

<body>
<div>
<h1>HTML 学习实例</h1>
<h2>计算机网络</h2>
<hr>
<div>
<div class="p1">
<img src="banner/img/network.jpg">
</div>
<div class="des">
<p>计算机网络就是将分布在不同地理位置的具有独立工作能力的计算机、终端及其附属设
备用通信设备和通信线路连接起来，并配置网络软件，以实现资源共享的系统。<p>
<p>通过计算机的互联，实现计算机之间的通信，从而实现计算机系统之间的信息、软件和
设备资源的共享以及协同工作等功能,其本质特征在于提供计算机之间的各类资源的高度共
享，实现便捷地交流信息和交换思想。</p>
<p>1983 年，ISO 发布了著名的 ISO/IEC 7498 标准，它定义了网络互联的 7 层框架，也就是
开放式系统互连参考模型。</p>
</div>
</div>
</div>
</body>
```

图 5-1-22　HTML 文档"头"部分和"主体"部分

任务实施

搭建 Web 服务器

IIS 是一种允许在 Internet 上发布信息的 Web 服务组件，该组件包含 Web 服务器、FTP 服务器、NNTP 服务器和 SMTP 服务器，能够提供网页浏览、文件传输、新闻服务和邮件发送等服务，能够帮助初学者在网络上发布网页信息。

1. 安装 IIS 服务组件

首先确认计算机上是否安装了 IIS 服务组件，如果没有安装，则按以下步骤进行安装：

(1) 依次点击"控制面板"→"程序"→"启用或关闭 Windows 功能"，选中"Internet Information Services"复选框，分别如图 5-1-23、图 5-1-24、图 5-1-25 所示。

图 5-1-23　打开控制面板

图 5-1-24　打开程序

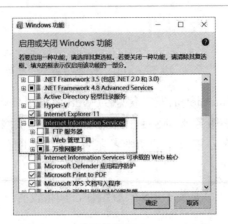

图 5-1-25　启用或关闭 Windows 功能

(2) 在"Internet Information Services"下找到"Web 管理工具"和"万维网服务"，在"万维网服务"下面，按照图 5-1-26 所示把以下功能全部勾选。

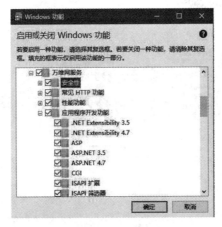

图 5-1-26　万维网服务需要安装的功能

(3) 单击"确定"，那么系统就会自动安装 IIS 服务组件，安装完毕后会重启计算机，在浏览器中输入"localhost"，会弹出如图 5-1-27 所示画面，表明安装成功。

图 5-1-27　IIS 安装成功画面

2. IIS Web 服务器的配置

IIS 服务组件安装好后，按照以下步骤进行 Web 服务器的配置：

(1) 编写 Web 网页程序。该网页作为 IIS Web 服务器资源，浏览器向 IIS Web 服务器请求打开 Web 页面。以本项目知识点 2 中编写的 network.html 为例，把该文件放置在 D:\myweb 路径下。

(2) 打开控制面板，进入"管理工具"，如图 5-1-28 所示，并双击"Internet Information Services (IIS) 管理器"选项，如图 5-1-29 所示。

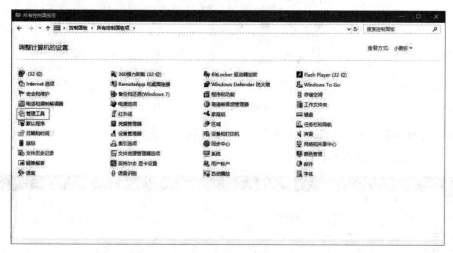

图 5-1-28　控制面板管理工具

图 5-1-29　"Internet Information Services (IIS) 管理器"选项

(3) 开始 IIS 服务组件的相关配置。IIS 默认情况下提供了 Default Web Site，将其删除并添加自己的实验站点，如图 5-1-30 所示。

图 5-1-30 "Internet Information Services (IIS) 管理器"窗口

(4) 将网站程序放在电脑指定路径，如 D:\myweb，在实际应用中，根目录默认文件名就是 myweb，如图 5-1-31 所示。

图 5-1-31 网站目录

(5) 新建网站。右键单击如图 5-1-30 左侧目录中的"网站"，弹出如图 5-1-32 所示菜单，单击"添加网站 ..."，弹出如图 5-1-33 所示对话框，填写网站名称、物理路径以及绑定的协议信息，单击"确定"添加网站。

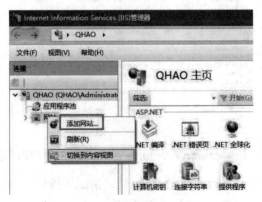

图 5-1-32 网站目录

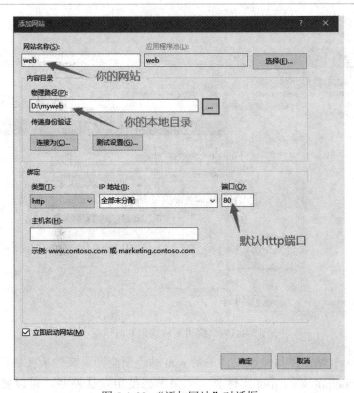

图 5-1-33 "添加网站"对话框

(6) 回到管理器页面，出现新建的 web 网站，如图 5-1-34 所示。

图 5-1-34 web 网站新建成功

(7) 在管理器页面右键，点击左侧菜单"网站"下的"web"选项，选择"编辑绑定"，打开"网站绑定"对话框，双击准备编辑的站点，弹出如图 5-1-35 所示的对话框；在"编辑网站绑定"对话框中，选择 IP 地址并设置端口号，点击"确定"。配置完毕后，客户端使用 http://192.168.1.4(任务实施过程中使用电脑实际 IP)，即可访问默认网站；如果端口号为 8080，那么访问浏览器的网址为 http://192.168.1.4:8080。

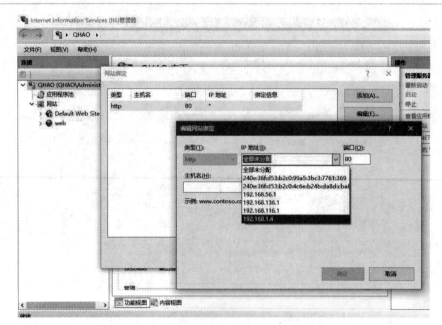

图 5-1-35 "编辑网站绑定"对话框

(8) 设置 web 站点主目录。主目录是 web 站点所有网页文件所在的根目录，默认主目录是 C://inetpub\wwwroot 文件夹，如果不想使用默认路径，可以更改网站的主目录。设置方法如下：

① 依次单击"开始"→"程序"→"管理工具"→"Internet Information Services (IIS) 管理器"，打开"Internet Information Services (IIS) 管理器"窗口，选择"web"站点，单击右侧"操作"栏中的"基本设置 …"超级链接，如图 5-1-36 所示，打开"编辑网站"对话框。

图 5-1-36 "Internet Information Services (IIS) 管理器"窗口中的"基本设置"

② 如图 5-1-37 所示，在"编辑网站"对话框中，"物理路径"下方的文本框中显示的就是网站的主目录。在输入框中就可以设置主目录，如本次实验的路径是 D:\myweb，或者单击"…"按钮选择相应的目录。单击"确定"按钮保存，设置好的目录就成为了站点 web 的主目录。

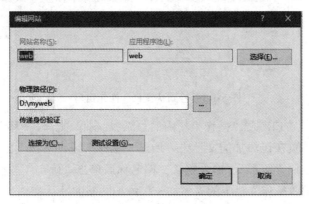

图 5-1-37 "编辑网站"对话框

(9) 设置默认文档。默认文档是指在输入路径但不指定具体网页文件名时，浏览器显示的默认网页名称。例如设定了默认文档为 index.html 且文件在主目录中存在，当用户在浏览器地址栏输入 http://192.168.1.4 进入访问时，浏览器打开默认文档指定的 index.html 页面。如图 5-1-38 所示，点击"默认文档"，打开如图 5-1-39 所示的操作窗口。

图 5-1-38 网站"默认文档"

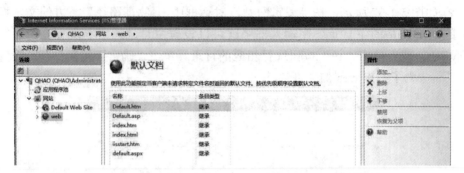

图 5-1-39 "默认文档"操作窗口

通过图 5-1-39 窗口右侧"操作"栏中的"添加、删除、上移、下移"操作默认文档。如果网站的默认首页在已添加的文档中,通过"上移"或"下移"放到首行位置;如果没有,则单击右侧"添加",输入默认文档名称后单击"确定"按钮即可添加。

点击窗口右侧"操作"栏中的"添加…",添加网站的默认文档,如图 5-1-40 所示,将现有网页 network.html 添加成默认文档,如图 5-1-41 所示。

图 5-1-40 添加默认文档

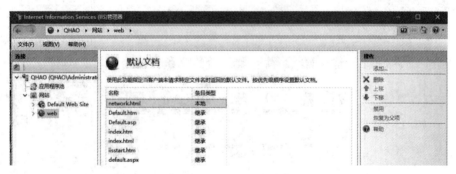

图 5-1-41 network.html 成为默认文档

(10) 在浏览器地址栏输入 http://127.0.0.1/,检查默认文档是否成功添加。如果出现"HTTP 错误 500. 19-Internal Server Error 无法访问请求的页面,因为该页相关配置数据无效"的错误信息,可能的原因是 IIS 中已经设置了默认文档为 default.aspx,

ASP.NET 中 add 配置又得到了另外一个相同的 value，从而引发网页打开异常，解决方案是直接到站点文件夹 (D:\myweb) 中修改配置文件 web.config，在 <add /> 之前插入 <clear /> 一行即可。

web.config 文件的修改如图 5-1-42 所示。

图 5-1-42　web.config 配置文件

(11) Windows 10 环境下的 IIS Web 服务器配置已全部完毕，开始进行验证。在浏览器地址栏输入 http://127.0.0.1/ 或者输入 http://localhost，检查是否成功访问到服务器上设置的默认文档。如果能够成功展示图 5-1-43 内容，则说明配置成功，同时检查与该计算机在同一个局域网内的其他终端是否可以访问该网页。

图 5-1-43　本地访问网站

以上就是在 Windows 10 环境下配置 IIS Web 服务器的全部过程，能够实现局域网内部终端访问自定义网页的功能。

知识拓展

云服务器简介

云服务器也叫虚拟的物理服务器、云计算服务器或云主机，是一种简单高效、安全可靠、处理能力可弹性伸缩的计算服务。云服务器管理方式比物理服务器更简单高

效，用户无需提前购买硬件，即可迅速创建或释放任意多台云服务器。

云服务器解决了传统物理主机与VPS(虚拟专用服务器)服务中存在的管理难度大、业务扩展性弱的缺陷。云服务器快速构建更稳定、安全的应用，降低开发运维的难度和整体成本，使企业可以更专注于核心业务的创新。

云服务器的优势如下：

(1) 升级更方便。随着业务的不断扩大，需要进行扩容和升级等操作时，使用云服务器的设备不需要进行软硬件升级。如果原有配置太低，在不重装系统的情况下就可以升级CPU、内存和硬盘等。

(2) 存储更方便。云服务器有数据备份功能，硬件出现问题，数据也不会受到影响或丢失。

(3) 稳定性好。常用的虚拟主机是很多个用户同时使用同一台机器，如果某网站被攻击，其他的网站也受到影响，空间的稳定性降低。云服务器采用了集群式的服务器，稳定性和可靠性更好。

(4) 响应速度更快。云服务器使用的带宽是多线互通的，响应的速度更快。

(5) 有更高的性价比。云系列的产品按需付费，不会造成资源浪费。

 课程小结

Web服务具有强大的信息连接功能，它成为发展最快和目前使用最广泛的服务。HTML是Web的核心，它是一种制作Web页面的标准语言，它消除了不同计算机之间信息交流的障碍。因此，HTML是网络上应用最为广泛的语言，也是构成网页文档的主要语言，Web服务的关键是编写HTML页面、搭建Web服务器和应用HTTP协议传输数据。

做 中 学　　学 中 做

一、选择题

1. (单选题) 在Internet中的大多数服务(如WWW，FTP)都采用(　　)模式。

A. 主机/终端　　　　　　　　　B. 客户端/服务器

C. 网状　　　　　　　　　　　 D. 星型

2. (单选题) 在OSI参考模型中，(　　)为网络用户间的通信提供专用程序。

A. 传输层　　　　B. 会话层　　　　C. 表示层　　　　D. 应用层

3. (单选题)HTTP是Internet上的一种(　　)。

A. 浏览器　　　　B. 协议　　　　C. 服务　　　　D. 协议集

4. (单选题)WWW是Internet上的一种(　　)。

A. 浏览器　　　　B. 协议　　　　C. 服务　　　　D. 协议集

5. (单选题)URL 指的是 (　　)。

A. 统一资源定位符　　　　　　B. Web

C. IP　　　　　　　　　　　D. 主页

6. (单选题) 以下哪项不是 Web 的特点？(　　)

A. 提供跨平台服务　　　　　　B. 以超文本方式组织信息

C. 提供字符命令界面　　　　　D. 支持服务器之间的链接

7. (单选题) 用户在 WWW 浏览器地址栏内键入了 URL:http://www.ncre.edu.cn/index.htm，其中"index.htm"代表 (　　)。

A. 协议类型　　　　　　　　　B. 主机名

C. 路径及文件名　　　　　　　D. 以上都不对

二、简答题

1. 简述浏览器与 Web 服务器的交互流程。

2. 简述 HTML 的结构，并编写一个简单的 HTML 页面。

评 价 反 馈

根据课堂学习情况和本任务知识点，进行评价打分，如表 5-1-5 所示。

表5-1-5 评 价 表

项目	评 分 标 准	分值	得分
接收任务	明确用IIS搭建Web服务器的工作任务	5	
信息收集	掌握HTML格式要求	15	
制订计划	工作计划合理可行，人员分工明确	10	
计划实施	掌握Web服务技术及相关协议	15	
	掌握HTML编写简单网站的方法	5	
	掌握采用IIS搭建服务器的方法	30	
质量检查	按照要求完成编写简单网页的任务	5	
评价反馈	经验总结到位，合理评价	5	

任务 5.2 FTP 服务

姓名：	班级：	学号：	日期：

 教学目标

1. 能力目标

具有采用 IIS 服务组件搭建 FTP 服务器，并实现局域网文件共享传输的能力。

2. 知识目标

了解 FTP 服务的基本概念和工作原理，掌握安装 FTP 服务器的步骤方法，掌握 FTP 服务器配置方法与管理要求。

3. 素质目标

培养学生细致严谨的学习态度。

4. 思政目标

了解共享经济，具有共享思维。

 任务下发

教师在上课过程中需要给学生分享电子文档，但是实训室并没有集中控制系统，因此急需一个能够提供文件分发和共享的服务，请同学们上网查询资料，采用 IIS 服务组件搭建文件分发和共享的服务器，实现局域网文件传输。

素质小课堂

本任务的教学目标不仅是传授 FTP 服务的基本知识，更是引导学生向 FTP 服务器那样提供共享功能，学会与同学们共享知识，分享成果。

共享经济的出现，打破了劳动者对商业组织的依附，他们可以直接向最终用户提供服务或产品。在北京、广州、杭州等多个城市，继共享单车、共享汽车之后，共享充电宝、共享篮球、共享雨伞等共享经济新形态不断涌现，并成为新一轮资本蜂拥的"风口"。

同学们在共享经济时代，要学会在工作、学习中共享知识、共享工作方法和实践经验，做到合作共赢。

知识准备

 知识点1 FTP 概 述

FTP(File Transfer Protocol，即文件传输协议) 是 Internet 文件传送的基础，它由一系列规格说明文档组成，目的是提高文件的共享性。FTP 是 TCP/IP 协议簇中的协议之一，具有文件传输功能的应用都需要使用 FTP 制定的规则，它允许用户将文件从一台计算机传输到另一台计算机上，并且保证传输的可靠性。

1. FTP 服务器与客户端

与大多数 Internet 服务一样，FTP 也是一个客户端 / 服务器系统。虽然现在通过 HTTP 下载的站点有很多，但是 FTP 可以很好地控制用户数量和宽带的分配，快速方便地上传、下载文件，因此 FTP 已成为网络中文件上传和下载的首选服务器。

用户通过客户端程序向服务器程序发出命令，服务器程序执行用户所发出的命令，并将执行的结果返回到客户端。比如说，用户发出一条命令，要求服务器向用户传送某一个文件的一份拷贝，服务器会响应这条命令，将指定文件送至用户的机器上。客户端程序会代表用户接收这个文件，并将其存放在指定目录中。

2. FTP 用户授权

使用 FTP 时首先必须登录，在远程主机上获得相应的权限以后，才能下载或上传文件。也就是说，想在某一台计算机上共享文件，就必须具有那台计算机的授权。换言之，除非有用户 ID 和口令，否则便无法传送文件。

(1) 用户授权。要连上 FTP 服务器 (即"登录")，必须要有该 FTP 服务器授权的账号，也就是说你只有在有了一个用户标识和一个口令后才能登录 FTP 服务器，享受 FTP 服务器提供的服务。

(2) FTP 地址格式。FTP 地址格式如下：

> ftp:// 用户名：密码 @FTP 服务器 IP 或域名：FTP 命令端口 / 路径 / 文件名

上面的参数除 FTP 服务器 IP 或域名为必要项外，其他都不是必需的。如以下地址都是有效 FTP 地址：

① ftp://foolish.6600.org

② ftp://list:list@foolish.6600.org

③ ftp://list:list@foolish.6600.org:2003

④ ftp://list:list@foolish.6600.org:2003/soft/list.txt

知识点2 FTP工作原理

采用 Internet 标准 FTP 的用户界面，提供了一组用来管理计算机之间文件传输的应用程序。开发任何基于 FTP 的客户端软件都必须遵循 FTP 的工作原理，FTP 的独特优势与其他客户服务器程序最大的不同点在于，它在通信的主机之间使用了两条TCP 连接，一条是数据连接，用于数据传送，另一条是控制连接，用于传送控制信息（命令和响应），这种将命令和数据分开传送的思想大大提高了 FTP 的效率。

1. FTP 连接方式

FTP 采用双 TCP 连接方式，涉及的端口信息如图 5-2-1 所示。

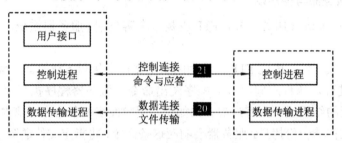

图 5-2-1　FTP 端口使用

1) 控制连接使用 TCP 端口号 21

控制连接端口用于在 FTP 客户端和 FTP 服务器之间传输控制命令及执行信息。控制连接在整个 FTP 会话期间一直保持打开状态。

2) 数据连接使用 TCP 端口号 20

数据连接端口用于传输数据，包括数据上传、下载、文件列表发送等。主机之间数据传输结束后数据连接将会终止。

那么在 TCP 双连接下，FTP 是如何实现文件传输的？控制连接与数据连接在数据传输的过程中分别起什么作用？

(1) FTP 客户端首先和 FTP 服务器的 TCP 21 端口建立控制连接，通过该通道发送文件传输命令，客户端接收数据的时候也在这个通道回复确定信息。

(2) 控制连接建立完成后，服务器端通过 TCP 20 端口连接至客户端的指定端口发送数据，建立数据连接。

(3) 在建立控制通道和数据连接后，进行文件传输。

(4) 本次文件传输完成后则断开数据连接。

(5) 所有文件传输完成后则断开控制连接。

以上就是 FTP 双 TCP 连接所起到的作用和数据传输流程。

2. FTP 的传输模式

FTP 的传输模式分为文件传输模式与数据传输模式，FTP 的任务是将文件从一台计算机传送到另一台计算机，它与这两台计算机所处位置、连接方式，甚至是否使用相同的操作系统都无关。FTP 的文件传输模式分为 ASCII 和二进制数据传输模式，下面重点介绍数据传输模式，分为主动模式和被动模式。

如图 5-2-2 所示，在建立数据连接过程中，由服务器主动发起连接，被称为主动方式。主动方式也称为 PORT 方式，是 FTP 最初定义的数据传输连接方式，主要特点是：FTP 客户端向 FTP 服务器发送 PORT 命令，告知服务器该客户端用于传输数据的临时端口号；当需要传送数据时，服务器通过 TCP 端口号 20 与客户端的临时端口建立数据传输通道，完成数据传输。

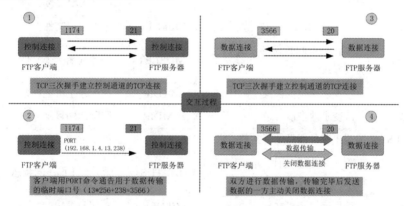

图 5-2-2　主动传输

如图 5-2-3 所示，在整个过程中，由于服务器总是被动接收客户端的数据连接，因此被称为被动方式。被动方式也称为 PASV 方式，被动方式的主要特点是：FTP 客户端向 FTP 服务器发送 PASV 命令，告知服务器进入被动方式。当需要传送数据时，客户端主动与服务器的临时端口号建立数据传输通道，完成数据传输。

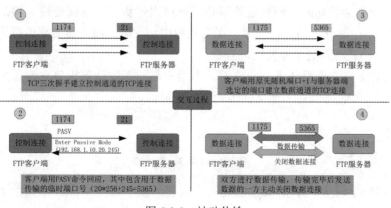

图 5-2-3　被动传输

3. FTP 命令

FTP 命令是 Internet 用户使用最频繁的命令之一，不论是在 DOS 操作系统还是 UNIX 操作系统下使用 FTP，都会遇到大量的内部命令，熟悉并灵活应用 FTP 的内部命令，可以大大方便使用者进行文件操作。FTP 常用命令如表 5-2-1 所示。

表 5-2-1　FTP 常用命令

命令	含义	命令	含义
OPEN	与指定主机的FTP服务器建立连接	MGET	获取多个服务器文件，可以使用通配符
BYE或QUIT	结束本次文件传输，退出FTP程序	MPUT	将多个本地文件传到服务器上，可用通配符
ASCII	进入ASCII方式，传输文本文件	DELETE	删除远端文件
BINARY	传输二进制数文件，进入二进制数方式	MDELET	删除远端多个文件
CD	改变远端当前目录	MKDIR	在远地主机上创建目录
LCD	改变本地当前目录	RMDIR	删除远端目录
DIR 或LS	列出服务器目录下文件	PWD	显示远端当前目录
PUT	将一个本地文件上传到远端主机上	STATUS	显示FTP程序的状态
GET	获取远端主机文件	CLOSE	关闭与远端FTP程序的连接

4. FTP 的特点

FTP 的特点如下：

(1) FTP 使用两个平行的连接：控制连接和数据连接。控制连接在两主机间传送控制命令，如用户身份、口令、改变目录命令等，而数据连接只用于传送数据。

(2) 在一个会话期间，FTP 服务器必须维持用户状态，也就是说，和某一个用户的控制连接不能断开。另外，当用户在目录树中活动时，服务器必须追踪用户的当前目录，这样 FTP 就限制了并发用户数量。

(3) FTP 支持文件沿任意方向传输。当用户与一远程计算机建立连接后，用户可以获得远程文件也可以将本地文件传输至远程机器。

 任务实施

搭建 FTP 服务器

前面我们学习了 FTP 的概念以及工作原理，接下来在 Windows 系统上搭建 FTP 服务器，实现本项目中的任务，帮助教师分发电子文件给学生。

FTP 服务器在互联网上提供文件存储和访问服务。FTP 服务器以两种方式登录，一种是匿名登录，另一种是使用授权账号与密码登录。默认状态下，FTP 服务器允许匿名登录，FTP 服务器接受对该资源的所有请求，并且不提示用户输入用户名或密码。如果服务器中存储有重要的或敏感的信息，应设置授权账号和密码登录，仅允许授权用户访问。下面用 IIS 服务组件来搭建 FTP 服务器，并设置两种登录方式。

1. 创建 FTP 服务器

(1) 打开"控制面板"，选择"程序"→"打开或关闭 Windows 功能"，在弹出窗口中找到 Internet Information Services(或者中文版 Internet 信息服务) 并展开，展开后选择"FTP 服务器"，单击"确定"，此时 Windows 开始更新功能资源列表，如图 5-2-4 所示。

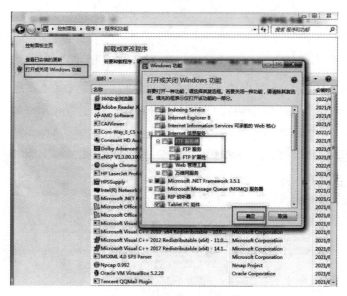

图 5-2-4　创建 FTP 服务器

或者采用快捷键的方式选择 FTP 服务：按【Win + R】快捷键打开"运行"对话框，输入"optionalfeatures"后，按回车键，如图 5-2-5 所示。

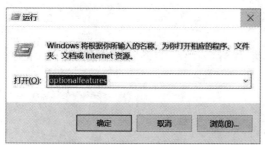

图 5-2-5　Win + R 打开"运行"对话框

(2) 安装或更新完成后，进入"控制面板"→"系统和安全"→"管理工具"，如图 5-2-6 所示，找到"Internet Information services(IIS) 管理器"，并双击。

图 5-2-6　"Internet Information services(IIS) 管理器"选项

(3) 如图 5-2-7 所示，在弹出的窗口中右击计算机名称，选择"添加 FTP 站点 …"，在"添加 FTP 站点"对话框中输入 FTP 站点的名称 (例如"myFtp"）、物理路径 (例如"D:\myFtp"），如图 5-2-8 所示，单击"下一步"。

图 5-2-7　添加 FTP 站点

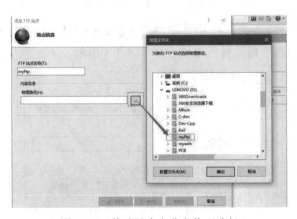

图 5-2-8　修改站点名称和物理路径

在"FTP 站点"选项卡中设置 FTP 站点相关的参数，比如 FTP 站点名称、监听 IP 地址以及 TCP 端口号。单击"IP 地址"编辑框右侧的下拉三角按钮，并选中该站点要绑定的 IP 地址。如果在同一台物理服务器中搭建多个 FTP 站点，需要为每一个站点指定一个 IP 地址。在"FTP 站点连接"区域可以限制连接的计算机数量，一般在局域网内部设置为"不受限制"较为合适。用户还可以单击"当前会话"按钮来查看当前连接到 FTP 站点的 IP 地址，并且可以断开恶意用户的连接。

(4) 如图 5-2-9 所示，在"IP 地址"框中输入本机的 IP 地址 (例如本机 IP 地址为 192.168.1.4)，然后点击"下一步"。如图 5-2-10 所示接下来配置身份验证和授权信息，如果当前局域网中没有敏感信息，在身份验证中选中"匿名"，并允许所有用户访问，执行读取和写入的操作权限 (注：此步操作时要根据实际情况，慎重配置)，点击"完成"。如图 5-2-11 所示，显示 myFtp 站点创建成功。

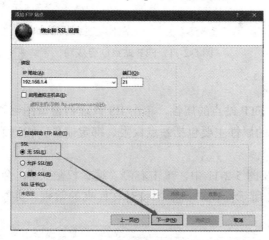

图 5-2-9　配置服务器 IP 地址

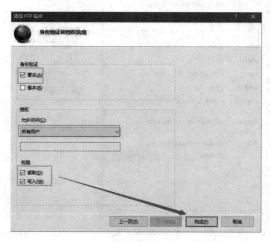

图 5-2-10　身份验证和授权信息

图 5-2-11　FTP 站点创建成功

2. 配置 FTP 站点

接下来详细配置 FTP 站点的属性，单击 IIS 管理器窗口图标和超链接，可以打开对应属性窗口。FTP 的属性主要包括站点权限、绑定信息、物理路径、目录浏览、身份验证等。

(1) 站点权限。在图 5-2-11 中，单击右侧"编辑权限 ..."，会弹出"myFtp 属性"对话框，如图 5-2-12 所示；在对话框中可对文件夹的常规、共享、安全等属性进行设置。

图 5-2-12　"myFty 属性"对话框

（2）绑定信息。如图 5-2-13 所示，FTP 站点的绑定信息与 IIS Web 站点配置类似，包含类型、IP 地址、端口、主机名。

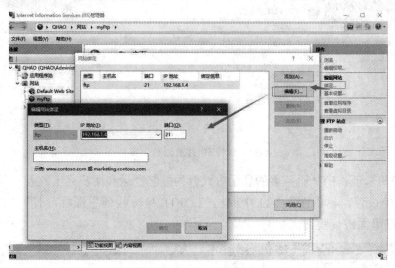

图 5-2-13　绑定信息修改

（3）物理路径。FTP 站点的物理路径是 FTP 服务器中共享文件在本机存放的位置。单击图 5-2-11 右侧"基本设置 …"，打开"编辑网站"对话框，选择物理路径，如图 5-2-14 所示。

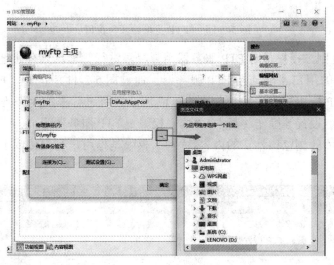

图 5-2-14　物理路径修改

（4）目录浏览。FTP 目录浏览用于设置用户访问 FTP 服务器时观察到的目录信息。在图 5-2-11 中间栏单击"FTP 目录浏览"图标，打开"FTP 目录浏览"窗口如图 5-2-15 所示，该页面可配置更加直观的目录列表样式和选项。

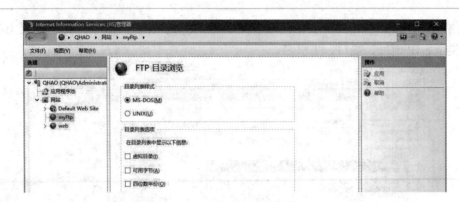

图 5-2-15 "FTP 目录浏览"窗口

(5) 身份验证。FTP 服务器的登录方式分为匿名登录和用户名密码授权登录两种，均可在此处设置。单击图 5-2-11 中间栏的"FTP 身份验证"图标，打开如图 5-2-16 所示的验证页面进行验证。

图 5-2-16 "FTP 身份验证"窗口

(6) 授权规则。授权是对 FTP 服务器用户权限进行管理，只有通过身份验证且拥有读或写权限的用户才能使用 FTP 服务器。通过图 5-2-11 中间栏"FTP 授权规则"图标打开"FTP 授权规则"窗口如图 5-2-17 所示，可进行添加允许规则、添加拒绝规则和编辑功能设置等操作。其中，"读"权限是 FTP 服务器用户的基本权限，拥有该权限的用户才能浏览该站点的内容；"写"权限是指用户有上传或下载需求时拥有的权限。

图 5-2-17 "FTP 授权规则"窗口

(7) 为了保护站点资源，可以通过设置防火墙的方式提高站点的安全性。设置方式为：进入"控制面板"→"系统和安全"→"Windows Defender 防火墙"→"允许的应用"，勾选 FTP 服务器及后面两个复选框，如图 5-2-18 所示。

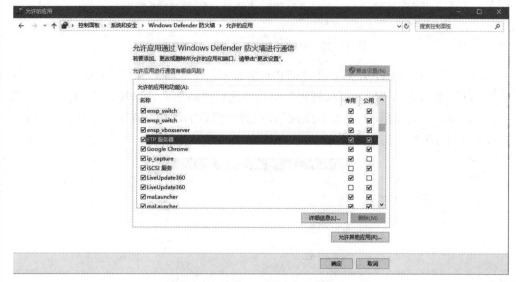

图 5-2-18 允许 FTP 程序通过防火墙

3. 测试 FTP 站点

经过前面两个步骤的配置，FTP 服务器已经搭建成功，且站点的基本属性均已设置。接下来在局域网任意电脑的 IE 地址栏中输入"ftp://192.168.1.4"(FTP 服务器的地址)，测试 FTP 服务器的访问以及文件传输功能。

(1) 匿名访问 FTP 站点。IIS 中创建的 FTP 服务器站点默认允许匿名用户登录。打开资源管理器或者浏览器，在地址栏输入 FTP 站点地址后，访问站点，如果访问成功，结果如图 5-2-19 和 5-2-20 所示，则用户可以浏览站点资源，如果有写的权限，则可以上传或下载文件。在测试过程中，当局域网内其他电脑无法访问 FTP 站点数据时，可以尝试暂时关闭防火墙。

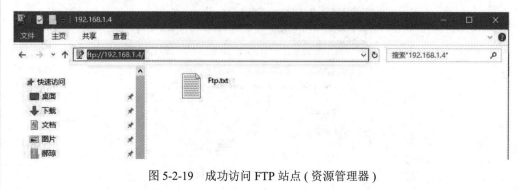

图 5-2-19 成功访问 FTP 站点 (资源管理器)

图 5-2-20　成功访问 FTP 站点 (浏览器)

　　(2) 非匿名访问 FTP 站点。在"FTP 身份验证"中启用基本身份验证，禁用匿名身份验证；然后再到"FTP 授权规则"窗口中选择"添加允许规则 …"，打开"编辑允许授权规则"对话框，如图 5-2-21 所示，选择"指定的用户"，在文本框输入用户名，并勾选"读取"和"写入"权限。

图 5-2-21　添加允许授权规则

　　用户在资源管理器地址栏输入"ftp:// 192.168.1.4"，弹出"登录身份"对话框如图 5-2-22 所示，用户输入设置好的用户名和密码，单击"登录"即可访问 FTP 资源，访问成功如图 5-2-23 所示。

图 5-2-22　访问站点验证

图 5-2-23　访问站点成功

 知识拓展

常见的 FTP 工具

1. WinSCP

WinSCP 是一个在 Windows 环境下使用 SSH 的开源图形化 SFTP 客户端，支持 SCP 协议，它的主要功能是在本地与远程计算机之间安全的复制文件。

2. FireFTP

FireFTP 是火狐的一个插件，必须在火狐浏览器上才能使用。FireFTP 是出品 LiteServe/LiteWeb/LiteFTP 等工具的公司新出的简单小巧且容易上手的 FTP 客户端工具，支持多线程文件传输。

3. Xftp

Xftp 是一个基于 MS Windows 平台功能强大的 SFTP、FTP 文件传输软件。使用了 Xftp 以后，MS Windows 用户能安全地在 UNIX/Linux 和 Windows PC 之间传输文件。Xftp 能同时适应初级用户和高级用户的需要。它采用了标准的 Windows 风格向导，简单的界面能与其他 Windows 应用程序紧密地协同工作，此外它还为高级用户提供了众多强劲的功能特性。

4. 8UFTP

8UFTP 分为 8UFTP 客户端工具和 8UFTP 智能扩展服务端工具，涵盖其他 FTP 工具所有的功能。它的特点有：不占内存，体积小，多线程，支持在线解压缩；界面友好，操作简单，可以管理多个 FTP 站点，使用拖拉操作即可完成文件或文件夹的上传、下载。

5. Transmit

Transmit for Mac 是一款功能齐全的 Mac 用户必备的 FTP 客户端，其兼容于 FTP、SFTP 和 TLS/SSL 协议，用户可以通过 Transmit 在任意应用程序中，无须下载源文件即可实时编辑文档，方便简洁。

课程小结

　　工作中为了提高文件的共享性，需要在本地主机和远程主机之间传送数据，通常采用 FTP 文件传输协议。FTP 采用客户端 / 服务器模式，采用控制通道和数据通道传输命令和数据，保证了文件传输的可靠性。本任务通过 IIS 服务组件配置 FTP 服务器，实现匿名登录和授权用户登录站点，能够轻松实现局域网内部文件共享功能。

一、选择题

1. (单选题) 以下地址哪些是无效的 FTP 地址？（　　　）

A. ftp://foolish.6600.org

B. ftp://list:list@foolish.6600.org

C. ftp://list:list@foolish.6600.org:2003

D. ftp//list:list@foolish.66003.org:2003

2. (单选题) 与指定主机的 FTP 服务器建立连接的 FTP 命令是（　　　）。

A. get　　　　　　B. put　　　　　　C. open　　　　　　D. set

3. (单选题)put 命令的作用是（　　　）。

A. 将一个本地文件上传到远端主机上

B. 将一个本地文件下载到远端主机上

C. 将一个本地文件关联到远端主机上

D. 将远端主机上的文件下载到本地主机上

4. (单选题)TFTP 的端口号是（　　　）。

A. 21　　　　　　B. 20　　　　　　C. 69　　　　　　D. 23

二、填空题

1. FTP(File Transfer Protocol) 是 _____ 协议的简称。

2. FTP 工作在 OSI 参考模型的 _____ 层。

3. FTP 采用双 TCP 连接方式，分别是 _____ 和 _____。

三、简答题

1. 简述 FTP 协议的工作原理。

2. 总结 FTP 服务器匿名登录和授权用户登录的配置方法。

根据课堂学习情况和本任务知识点，进行评价打分，如表 5-2-2 所示。

表5-2-2 评 价 表

项目	评分标准	分值	得分
接收任务	明确用IIS服务组件搭建FTP服务器的工作任务	5	
信息收集	掌握站点属性配置要点	15	
制订计划	工作计划合理可行，人员分工明确	10	
计划实施	掌握FTP概念以及工作原理	20	
	掌握用IIS搭建FTP服务器的方法	40	
质量检查	按照要求完成相应任务	5	
评价反馈	经验总结到位，合理评价	5	

任务 5.3 远程登录

姓名：	班级：	学号：	日期：

教学目标

1. 能力目标

具有使用远程桌面连接，实现局域网电脑远程登录的能力。

2. 知识目标

了解远程登录服务的概念；了解 Telnet 协议提供的服务类型；掌握使用远程桌面连接，实现局域网电脑远程登录配置的方法。

3. 素质目标

培养学生沟通能力、团队协作能力。

4. 思政目标

细节决定成败。

任务下发

某公司的组织架构设置了武汉总公司宜昌分公司，其中分公司的一台服务器配置出现了问题，导致业务无法正常通信。总公司运维人员小张被安排解决该配置故障，他想采用远程登录服务访问到分公司服务器上，那么请同学们通过上网查询资料，帮助小张配置服务器实现远程登录功能。

素质小课堂

本任务的教学内容是 Telnet 远程登录协议，在实验过程中，学生对于远程登录命令掌握不牢固，对细节处理不到位，导致"失之毫厘，谬以千里"的实验结果，引导学生在学习过程中保持严谨认真的态度。

为此引入关于加加林遨游太空的故事——1961 年 4 月 12 日，苏联宇航员加加林乘坐 4.75 吨重的"东方 1 号"航天飞船进入太空遨游了 89 分钟，成为世界上第一位进入太空的宇航员。他为什么能够从 20 多名宇航员中脱颖而出？起初，在确定人选的前一个星期，航天飞船的主设计师罗廖夫发现，在进入飞船前，只有加加林一个人脱下鞋子，只穿袜子进入座舱。就是这个细小的举动赢得了罗廖夫的好感，他感到这个 27 岁的青年既懂规矩，又如此珍爱他为之倾注心血的飞船，于是决定让加加林执行人类首次太空飞行的神圣使命。加加林通过一个不经意的细节，表现了他珍爱他人劳动成果的修养和素质，也使他成为遨游太空的第一人。

通过案例介绍，旨在培养学生精益求精、注重细节，养成严谨认真的学习态度，让学生在提升技能的同时培养职业素养。

 知识准备

知识点1　Telnet概述

远程登录是指本地计算机通过 Internet 连接到一台远程计算机，登录成功后本地计算机完全成为对方主机的一个远程仿真终端用户。

Telnet 协议是 TCP/IP 协议族中的一员，是 Internet 远程登录服务的标准协议和主要方式。它为用户提供了在本地计算机上完成远程主机工作的能力。在终端使用者的电脑上使用 Telnet 程序，用它连接到服务器，终端使用者可以在 Telnet 程序中输入命令，这些命令会在服务器上运行，就像直接在服务器的控制台上输入一样。远程登录可以在本地就能控制远端服务器，即完成本任务的总公司主机访问分公司的服务器，解决配置故障。要开始一个 Telnet 会话，必须输入用户名和密码来登录服务器。Telnet 是常用的远程控制 Web 服务器的方法。

知识点2　Telnet工作原理

使用 Telnet 协议进行远程登录时需要满足以下条件：在本地计算机上必须装有包含 Telnet 协议的客户程序；必须知道远程主机的 IP 地址或域名；必须知道登录标识与口令。下面了解 Telnet 的工作原理，Telnet 服务使用客户端 / 服务器 (C/S) 工作模式，主要由 Telnet 客户端、服务器及 Telnet 协议组成。用户远程登录服务系统程序通过 TCP 提供的传输服务，通过 23 端口通信。

当使用 Telnet 登录进入远程计算机系统时，事实上启动了两个程序：一个是Telnet 客户程序，运行在本地主机上；另一个是 Telnet 服务器程序，它运行在远程计算机上。

图 5-3-1 为 Telnet 客户端与服务器之间的交互流程，在这个过程中客户端与服务器各自完成的功能如下：

图 5-3-1　Telnet 连接过程

(1) 建立与远程服务器的 TCP 连接。发起连接请求的前提是用户必须知道远程主机的 IP 地址或域名地址。

(2) 从键盘上接收本地输入的字符。

(3) 将输入的字符串变成标准格式并传送给远程服务器。将本地终端上输入的用户名和密码及以后输入的任何命令或字符以 NVT(Net Virtual Terminal，即网络虚拟终端) 格式传送到远程主机。该过程实际上是从本地主机向远程主机发送一个 IP 数据包。

(4) 从远程服务器接收输出的信息。将远程主机输出的 NVT 格式的数据转化为本地所接受的格式发回本地终端，并将该信息显示在本地主机屏幕上。

(5) 本地终端对远程主机进行撤消连接，即 TCP 请求断开连接。

(6) 远程主机的"服务"程序平时不声不响地守候在远程主机上，一接到本地主机的请求，就会立马活跃起来，并完成以下功能：

　①通知本地主机，远程主机已经准备好了。

　②等候本地主机输入命令。

　③对本地主机的命令作出反应 (如显示目录内容，或执行某个程序等)。

　④把执行命令的结果送回本地计算机显示。

　⑤重新等候本地主机的命令。

任务实施

远程登录体验

前面介绍了远程登录的概念、Telnet 协议功能以及工作原理，接下来通过本地电脑的远程桌面连接软件，实现局域网终端间的远程登录，具体操作步骤如下：

(1) 在本地电脑上，通过开始菜单找到"远程桌面连接"，如图 5-3-2 所示，双击打开"远程桌面连接"对话框。

图 5-3-2　打开远程桌面连接

(2) 在如图 5-3-3 所示的"远程桌面连接"对话框中输入 IP 地址，IP 地址以实际待远程登录电脑 IP 地址为准。

图 5-3-3　"远程桌面连接"对话框

(3) 在图 5-3-3 所示对话框中打开"显示选项"，如图 5-3-4 所示，输入用户名，点击"连接"。

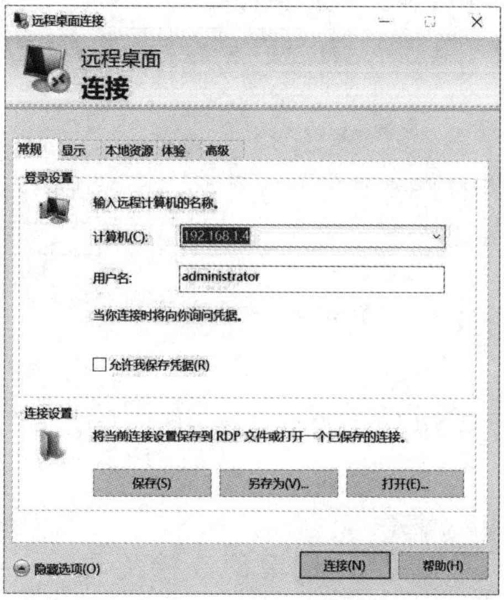

图 5-3-4　输入用户名

(4) 在弹出的对话框中输入待连接电脑的密码，如图 5-3-5 所示，点击"确定"。

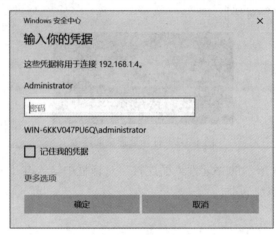

图 5-3-5　输入密码

(5) 在弹出的对话框中选择"是"，如图 5-3-6 所示。

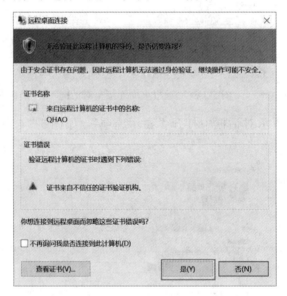

图 5-3-6　安全性选择

(6) 远程登录成功。

如果通过以上步骤没有实现远程登录，请关闭两台电脑的防火墙重新尝试。

 知识拓展

新型远程桌面连接工具

远程连接方式除了 Windows 系统的远程桌面连接，还有其他的远程连接软件，

下面介绍几款常用的软件。

1. TeamViewer

TeamViewer是一个能在任何防火墙和NAT代理的后台用于远程控制的应用程序，实现桌面共享和文件传输。要连接到另一台计算机，只需要在两台计算机上同时运行该软件，而不需要进行安装。该软件第一次启动在两台计算机上自动生成伙伴ID，只需要在软件中输入你的伙伴的ID，就可以立即建立连接。

2. Splashtop

Splashtop远程桌面是Splashtop Inc.开发的一系列远程桌面控制服务软件。利用Splashtop软件，用户可以使用手边任何设备(包括电脑、平板和手机)远程连入自己的电脑，实现远程办公、居家办公。

3. QQ

QQ提供了两种选项——"请求控制对方电脑"和"请求对方远程协助"，分别对应提供协助和请求协助两种服务。

QQ远程协助主要用于远程帮助QQ好友，操作好友电脑，解决对方电脑上遇到的问题。由于无法实现无人值守时进行远程协助，该功能仅用于远程办公、远程协助领域。

4. ToDesk

ToDesk是一款简单易用的多平台远程控制软件，它可以轻松穿透内网和防火墙，支持远程关机、待机，具有录屏、调节分辨率、文件传输、语音视频通信等功能。ToDesk无广告并且完全免费，可实现屏幕控制和文件管理功能，运行非常稳定。

5. WanGooe

WanGooe远程控制软件具有远程控制、屏幕演示、文件快传三大模块，可以实现企业IT运维、远程客服支持、远程维护等功能。

 课程小结

Telnet 和 FTP 都可以实现远程登录，它们的区别在于 Telnet 是远程登录协议，而FTP 是文件传输协议，二者的权限大不相同。Telnet 是把登录用户当成本地计算机的一台终端，用户在登录远端计算机后，具有计算机上的本地用户一样的权限。如果远程的主要目的是在本地计算机与远程计算机之间传递文件，那么相比而言使用 FTP会更加快捷有效。远程登录可采用 Windows 系统的远程桌面连接，还可以采用其他收费或者免费的远程连接软件。

简答题

1. 解释远程登录的含义。

2. 简述 Telnet 客户端和服务器的交互流程。

根据课堂学习情况和本任务知识点，进行评价打分，如表 5-3-1 所示。

表5-3-1 评 价 表

项目	评 分 标 准	分值	得分
接收任务	明确实现局域网内部主机之间远程登录的工作任务	5	
信息收集	了解远程登录的概念以及Telnet协议交互流程	15	
制订计划	工作计划合理可行，人员分工明确	10	
计划实施	掌握Telnet客户端与服务器的交互流程	10	
	区分Telnet和FTP协议的功能	20	
	掌握使用远程桌面连接实现远程登录的方法	30	
质量检查	按照要求完成相应任务	5	
评价反馈	经验总结到位，合理评价	5	

任务 5.4　动态主机配置协议

姓名：	班级：	学号：	日期：

 教学目标

1. 能力目标

具有网络地址规划的基本能力，能够使用 eNSP 仿真软件搭建 DHCP 服务器实现主机 IP 地址等网络参数自动分配。

2. 知识目标

了解 DHCP 服务的基本概念，掌握 DHCP 的应用场景，掌握 DHCP 基本原理和基本配置。

3. 素质目标

培养学生的实践动手能力和仿真实验能力。

4. 思政目标

具有严谨细心的学习态度。

 任务下发

在组建企业网络的过程中，所有员工的主机需要获取 IP 地址等网络参数进行联网，共享公司网络资源。网络运维人员小张接到此任务，他认为如果采用手动配置，工作量大且不好管理，如果有员工擅自修改网络参数，还有可能造成 IP 地址冲突等问题，所以目前需要一种软件或者服务，能够实现员工电脑 IP 地址等网络参数的动态分配与管理。

素质小课堂

通过分配 IP 地址等网络参数的实验，培养学生严谨细心的学习态度。

在 DHCP 服务器配置过程中，需要注意在配置 DHCP 发布的端口时，一定要在网关接口上进行操作，只有这样才能保证终端分配到地址池中的地址可用。配置时一定要严谨，一旦发布的端口不对，前面的配置内容均无效。

 ### 知识点1　DHCP 概　述

某公司新进了一批员工，系统管理员需要为新员工电脑分配 IP 地址等参数，保证新员工的主机能够接入公司网络。在常见的小型网络中（例如家庭网络和学生宿舍网），终端数量较少，管理员手动分配 IP 地址即可，但是对于中大型网络，大量的主机终端需要连入公司网络，它们都需要 IP 地址等网络参数，手动分配 IP 地址工作量大，而且配置时容易产生 IP 地址冲突等错误。DHCP(Dynamic Host Configuration Protocol，即动态主机配置协议）可以为网络终端动态分配 IP 地址，解决了手动配置的各种问题。

DHCP 是计算机用来获得 IP 配置信息的协议，通常被应用在大型的局域网环境中，主要作用是集中管理、分配 IP 地址，使网络环境中的主机动态地获得 IP 地址、Gateway 地址、DNS 服务器地址等信息，并能够提升地址的使用率。

DHCP 动态分配 IP 地址流程如图 5-4-1 所示，新员工的电脑第一次接入公司网络路由器中，发起 DHCP 请求"大家好，我刚来，谁给我指一个座位号"，带有 DHCP 服务的路由器收到请求后，回复信息"好的，我看看座次表，看把你安排在哪里好"，DHCP 服务器给主机分配 IP 地址等网络参数，让其可以接入公司网络，实现 IP 地址的动态分配。

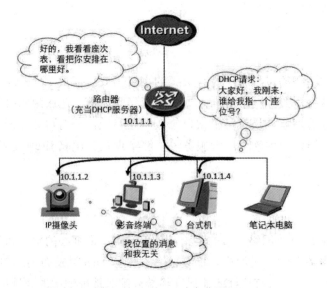

图 5-4-1　DHCP 动态分配 IP

  DHCP 采用客户端 / 服务器模型，主机地址的动态分配任务由网络主机驱动，当 DHCP 服务器接收到来自网络主机申请地址的信息时，才会向网络主机发送相关的地址配置等信息，以实现网络主机地址信息的动态配置。DHCP 客户端通常为网络中的 PC、打印机等终端设备，使用从 DHCP 服务器分配下来的 IP 信息，包括 IP 地址、DNS 等；所有的 IP 网络设定信息都由 DHCP 服务器集中管理，并处理客户端的 DHCP 请求。

1. DHCP 的功能和特点

  如图 5-4-2 所示，DHCP 在 TCP/IP 协议簇的 UDP 层上工作，网络管理员使用 DHCP 可以给内部网络中所有计算机自动分配 IP 地址。DHCP 具有以下功能：

  (1) 保证任何 IP 地址在同一时刻只能由一台 DHCP 客户端所使用。

  (2) DHCP 可以给用户分配永久固定的 IP 地址。

  (3) DHCP 可以同采用其他方法获得 IP 地址的主机共存 (如手工配置 IP 地址的主机)。

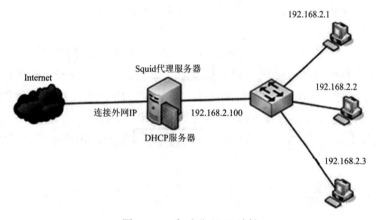

图 5-4-2　自动分配 IP 地址

DHCP 服务器具有以下特点：

(1) 网络管理员可以验证 IP 地址和其他配置参数，而不用去检查每个主机；

(2) DHCP 不会同时分配相同的 IP 地址给两台主机；

(3) DHCP 管理员可以约束特定的计算机使用特定的 IP 地址；

(4) 客户端在不同子网间移动时不需要重新设置 IP 地址。

2. DHCP 地址分配机制

  DHCP 是由服务器控制一段 IP 地址范围，客户端登录服务器时就可以自动获得服务器分配的 IP 地址和子网掩码。默认情况下，DHCP 作为 Windows Server 的一个服务组件不会被系统自动安装，还需要管理员手动安装并进行必要的配置。如图 5-4-3 所示，不同的员工性质具有不同类型的 IP 地址，DHCP 有三种机制分配 IP 地址。

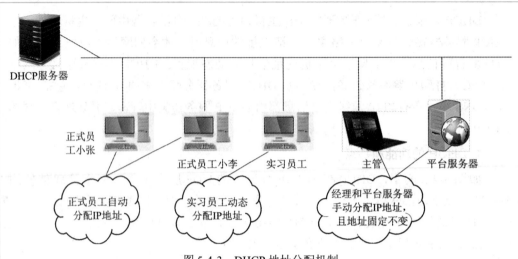

图 5-4-3 DHCP 地址分配机制

(1) 自动分配方式 (automatic allocation)，DHCP 服务器为主机指定一个永久性的 IP 地址，一旦 DHCP 客户端第一次成功从 DHCP 服务器端分配到 IP 地址后，就可以永久性地使用该地址。

(2) 动态分配方式 (dynamic allocation)，DHCP 服务器给主机指定一个具有时间限制的 IP 地址，时间到期或主机明确表示放弃该地址时，该地址可以被其他主机使用。

(3) 手动分配方式 (manual allocation)，客户端的 IP 地址是由网络管理员指定的，DHCP 服务器只是将指定的 IP 地址告诉客户端主机。

三种地址分配方式中，只有动态分配方式可以重复使用客户端不再需要的地址。

知识点2 DHCP工作原理

DHCP 采用 UDP 作为传输协议，客户端发送消息到 DHCP 服务器的 67 号端口，服务器返回消息给客户端的 68 号端口。如图 5-4-4 所示，客户端向 DHCP 服务器发起请求 IP 的数据包，服务器回复请求，紧接着客户端从服务器给的地址池中选择 IP 地址，最后服务器确定该 IP 地址的租约信息，通过以上流程服务器完成自动分配 IP 地址的功能。

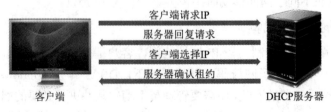

图 5-4-4 DHCP 工作原理

以上客户端与 DHCP 服务器的工作流程其实涉及 6 个协商过程,下面一一讲解。

(1) 发现阶段,即 DHCP 客户端寻找 DHCP 服务器的阶段。DHCP 客户端以广播方式 (因为 DHCP 服务器的 IP 地址对于客户端来说是未知的) 发送 DHCP Discover 报文,目的是想发现能够给它提供 IP 的 DHCP 服务器,即向地址 255.255.255.255 发送特定的广播信息。网络上每一台安装了 TCP/IP 协议的主机都会接收到这条广播信息,但只有 DHCP 服务器才会做出响应。

(2) 提供阶段,即 DHCP 服务器提供 IP 地址的阶段。DHCP 收到 Discover 报文后,会解析该报文,查询 dhcp.conf 配置文件,如果在地址池中能找到合适的 IP 地址,DHCP 服务端就会发送 Offer 报文给客户端,意在告诉客户端它可以提供 IP 地址。

(3) 选择阶段,即 DHCP 客户端选择某台 DHCP 服务器提供的 IP 地址的阶段。如果有多台 DHCP 服务器向 DHCP 客户端发来 Offer 提供信息,DHCP 客户端只接受第一个 DHCP Offer 提供信息,然后它就以广播方式回答一个 DHCP Request 请求信息,该信息中包含 DHCP 服务器请求 IP 地址的内容。之所以要以广播方式回答,是为了通知所有的 DHCP 服务器,它将选择某台 DHCP 服务器所提供的 IP 地址。

(4) 确认阶段,即 DHCP 服务器确认所提供的 IP 地址的阶段。当服务端收到客户端发送的 DHCP Request,确认要为该客户端提供 IP 地址后,就会向该客户端发送一个包含该 IP 地址以及其他 Option 的报文,告知客户端可以使用该 IP 地址,客户端接收到该报文,会将 IP 地址和自己的网卡绑定,另外其他 DHCP 服务端都将收回自己之前为客户端提供的 IP 地址。DHCP Server 发送 ACK 数据包,确认信息。

(5) 重新登录网络阶段。以后当 DHCP 客户端重新登录时,就不需要再发送 DHCP Discover 报文信息,而是直接发送包含前一次所分配的 IP 地址的 DHCP Request 请求信息。当 DHCP 服务器收到这一信息后,它会尝试让 DHCP 客户端继续使用原来的 IP 地址,并回答一个 DHCP ACK 确认信息。如果此 IP 地址已无法再分配给原来的 DHCP 客户端使用 (比如此 IP 地址已分配给其他 DHCP 客户端使用),则 DHCP 服务器给 DHCP 客户端回答一个 DHCP NACK 否认信息。当原来的 DHCP 客户端收到 DHCP NACK 否认信息后,它就必须重新发送 DHCP Discover 报文信息来请求新的 IP 地址。

(6) 客户端续约阶段。DHCP 服务器向客户端出租的 IP 地址一般都有一个租借期限,期满后 DHCP 服务器便会收回该 IP 地址。如果 DHCP 客户端要延长其 IP 租约,则必须更新 IP 租约时间。DHCP 客户端启动时和 IP 租约期限过一半时,DHCP 客户端都会自动向 DHCP 服务器发送更新其 IP 租约的信息。

由于 DHCP 是采用客户端 / 服务器模式运行的,所以使用 DHCP 服务的为客户端,而提供 DHCP 服务的为服务器。DHCP 客户端可以让设备自动地从 DHCP 服务器获得 IP 地址以及其他配置参数。使用 DHCP 客户端可以带来如下好处:

(1) 降低配置和部署设备时间。

(2) 降低发生配置错误的可能性。

(3) 可以集中化管理设备的 IP 地址分配。DHCP 服务器指的是由服务器控制一段 IP 地址范围，客户端登录服务器时就可以自动获得服务器分配的 IP 地址和子网掩码。

需要注意的是，DHCP 也可以运行在不同的子网上，这时候需要使用 DHCP 中继代理 (DHCPR，也叫作 DHCP 中继) 设备。

1. DHCP 中继代理

DHCP 中继代理是一个小程序，它可以实现在不同子网和物理网段之间处理和转发 DHCP 信息的功能。

如果 DHCP 客户端与 DHCP 服务器在同一个物理网段，则客户端可以正确地获得动态分配的 IP 地址。当 DHCP 客户端与服务器不在同一个子网中，就必须由 DHCP 中继代理来转发 DHCP 请求和应答消息。DHCP 中继代理的数据转发方式，与通常意义上的路由转发是不同的，路由转发相对来说是透明传输，设备一般不会修改 IP 数据包的内容，而 DHCP 中继代理接收到 DHCP 消息后，会重新生成一个 DHCP 消息，然后转发出去。

如图 5-4-5 所示，DHCP 客户端启动并进行初始化时，它会在本地网络广播配置请求报文，如果本地网络存在 DHCP 服务器，可直接进行 DHCP 配置，不需要 DHCP 中继代理。如果本地网络没有 DHCP 服务器，则与本地网络相连的具有 DHCP 中继代理功能的网络设备收到该广播报文后，进行适当处理并转发给指定的其他网络上的 DHCP 服务器。DHCP 服务器根据客户端提供的信息进行相应的配置，并通过 DHCP 中继代理将配置信息发送给 DHCP 客户端，完成对 DHCP 客户端的动态配置。

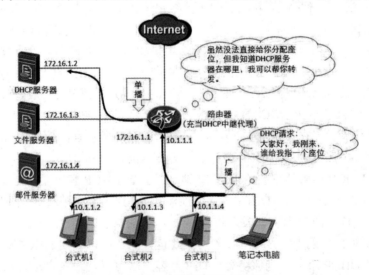

图 5-4-5　DHCP 中继代理流程

那么 DHCP 中继代理是如何实现不同子网间动态主机分配服务的？如图 5-4-6 所示，DHCP 中继代理位于 DHCP 客户端和服务器之间，由于 DHCP Discover 是以广播方式进行的，其情形只能在同一网络之内进行，因为路由器是不会将广播传送出去的。但如果 DHCP 服务器架设在其他的网络上面，可以用 DHCP 中继代理来接管客户端的 DHCP 请求，然后将此请求传递给真正的 DHCP 服务器，再将服务器的回复传给客户端，用这种方式实现跨网服务。

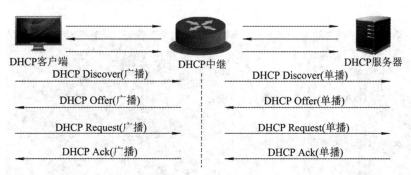

图 5-4-6　DHCP 具体实现

2. DHCP 协商数据包分析

前面介绍了 DHCP 提供的服务以及工作原理，接下来利用 Wireshark 软件抓取 DHCP 分配 IP 地址的协商数据包，分析四种报文结构，让同学们更加直观地了解 DHCP 协商过程。

要想获取 DHCP 协商数据包，首先要保证有可用的 DHCP 服务器，然后将主机 IP 地址的获取方式设置为自动获取。如果主机在抓包之前已经联网，则需要先断开主机的网络连接。在 cmd 下使用命令 ipconfig 来完成网络断开与连接的过程。

如图 5-4-7 所示，在 cmd 中可以使用 ipconfig / ? 查看各参数的含义。

ipconfig /release：断开当前的网络连接，主机 IP 变为 0.0.0.0，主机与网络断开，不能访问网络。

ipconfig /renew：更新适配器信息，请求连接网络，这条命令结束之后，主机会获得一个可用的 IP，再次接入网络。

```
示例:
    > ipconfig                        ... 显示信息
    > ipconfig /all                   ... 显示详细信息
    > ipconfig /renew                 ... 更新所有适配器
    > ipconfig /renew EL*             ... 更新所有名称以 EL 开头
                                          的连接
    > ipconfig /release *Con*         ... 释放所有匹配的连接,
                                          例如"有线以太网连接 1"或
                                          "有线以太网连接 2"
    > ipconfig /allcompartments       ... 显示有关所有隔离舱的
                                          信息
    > ipconfig /allcompartments /all  ... 显示有关所有隔离舱的
                                          详细信息
```

图 5-4-7　ipconfig 查询结果

接下来开始抓取 DHCP 的协商数据包，在 Wireshark 中点击 start 开始抓包，在过滤栏输入 bootp，使其只显示 DHCP 数据包。在 cmd 中输入 ipconfig /release 断开网络连接，如图 5-4-8 所示，可以看到此时所有的网卡都已经断开，以太网处于断开状态。Wireshark 中截获到一个 DHCP Release 数据包，如图 5-4-9 所示。

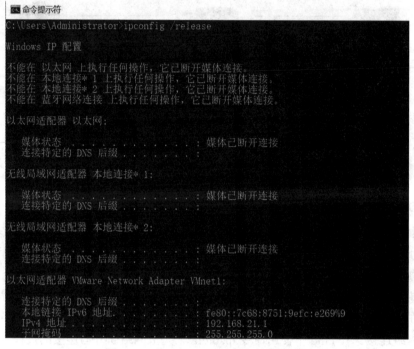

图 5-4-8　ipconfig /release 断开网络连接

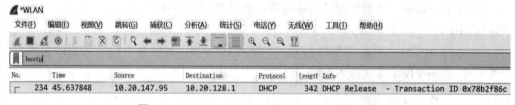

图 5-4-9　ipconfig /release 后 Wireshark 抓包结果

然后在 cmd 中输入 ipconfig /renew 请求网络连接，等待这条命令执行完毕之后，在 cmd 中可以看到主机被分配了 IP，主机成功连入网络中，如图 5-4-10 所示。此时，可以看到在 Wireshark 中新增了 4 个 DHCP 数据包，如图 5-4-11 所示。

数据包 1：DHCP Discover；

数据包 2：DHCP Offer；

数据包 3：DHCP Request；

数据包 4：DHCP ACK。

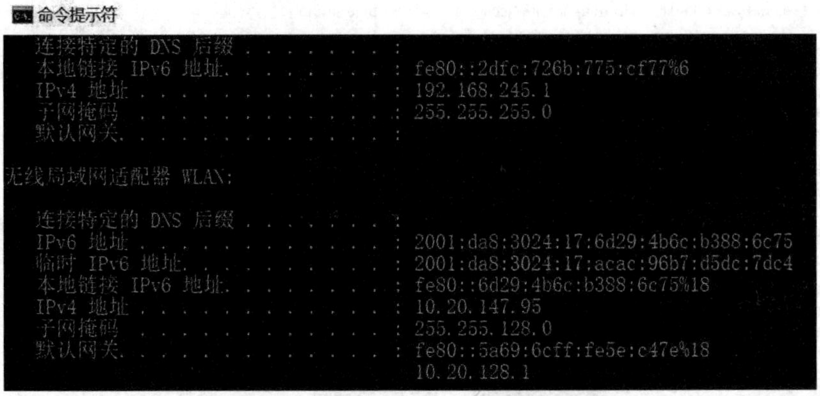

图 5-4-10　ipconfig /renew 请求网络连接

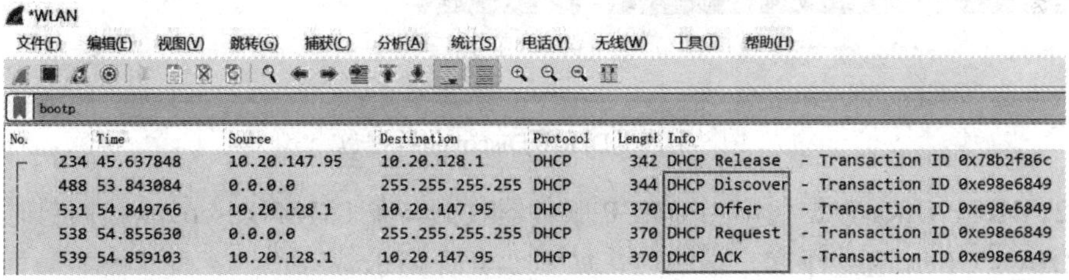

图 5-4-11　ipconfig /renew 后 Wireshark 抓包结果

为了后续分析使用，再执行一次 ipconfig /renew，抓包结果如图 5-4-12 所示。

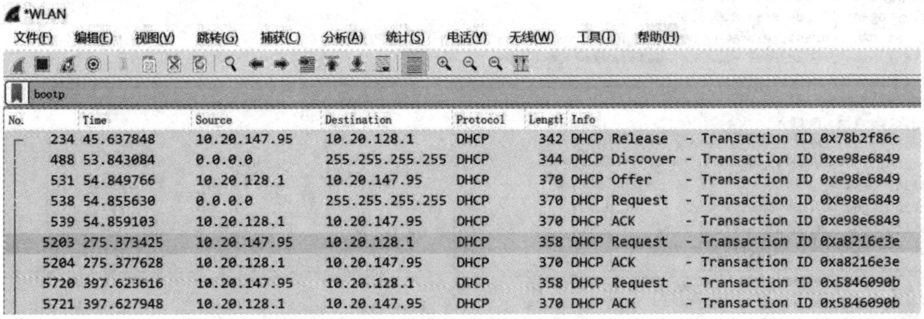

图 5-4-12　再次 ipconfig /renew 后 Wireshark 抓包结果

通过观察，可以发现 Wireshark 中新增了 4 个数据包：DHCP Request、DHCP ACK、DHCP Request 和 DHCP ACK。

接下来进行 DHCP 协商数据包分析，分析过程如下：

(1) DHCP Discover 数据包。客户端使用 IP 地址 0.0.0.0 发送了一个广播包，可以看到此时的目的 IP 为 255.255.255.255。客户端试图通过该广播数据包发现可以给它提供服务的 DHCP 服务器。从图 5-4-13 中可以看出，DHCP 属于应用层协议，在传输层使用 UDP 协议，目的端口是 67。

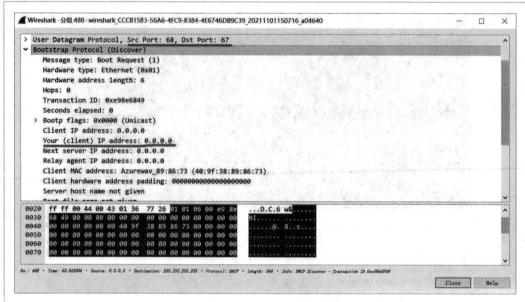

图 5-4-13　DHCP Discover 数据包

(2) DHCP Offer 数据包。当 DHCP 服务器收到一条 DHCP Discover 数据包时，用一个 DHCP Offerr 包给予客户端响应，如图 5-4-14 所示。

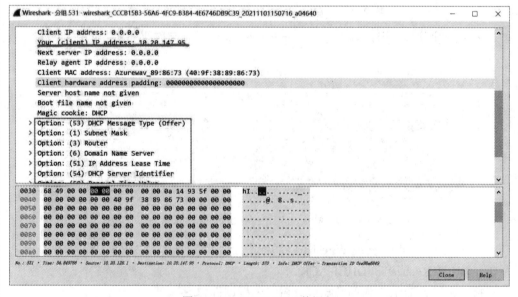

图 5-4-14　DHCP Offer 数据包

此时 DHCP 服务器仍然使用广播地址作为目的地址，因为请求分配 IP 的客户端并没有自己 IP，而可能有多个客户端在使用 0.0.0.0 这个 IP 作为源 IP 向 DHCP 服务器发出 IP 分配请求，DHCP 也不能使用 0.0.0.0 这个 IP 作为目的 IP 地址，于是依然采用广播的方式，告诉正在请求的客户端们，这是一台可以使用的 DHCP 服务器。

DHCP 服务器提供了一个可用的 IP，在数据包的 Your (client) IP address 字段可以看到 DHCP 服务器提供的可用 IP。

(3) DHCP Request 数据包。当 client 收到了 DHCP Offer 数据包以后 (如果有多个可用的 DHCP 服务器，那么可能会收到多个 DHCP Offer 数据包)，确认有可以和它交互的 DHCP 服务器存在，于是客户端发送 DHCP Request 数据包，请求分配 IP。

(4) DHCP ACK 数据包。服务器用 DHCP ACK 数据包对 DHCP 请求进行响应。DHCP ACK 数据包中包含的信息如图 5-4-15 所示，表示将这些资源信息分配给客户端，其中 Your(client) IP address 表示分配给客户端的可用 IP。图 5-4-15 中显示了很多 Option 信息，其中 Option(53) 是 DHCP 服务器发送的消息类型 (ACK)；Option(1) 是 Subnet Mask，即客户端分配到的 IP 的子网掩码；Option(3) 是 Router，即路由器；Option(6) 是 Domain Name Server，即 DNS 域名服务器；Option(51) 是 IP Address Lease Time，即 IP 租用期；Option(54) 是服务器的身份标识。这些都是客户端用于联网的必要信息。

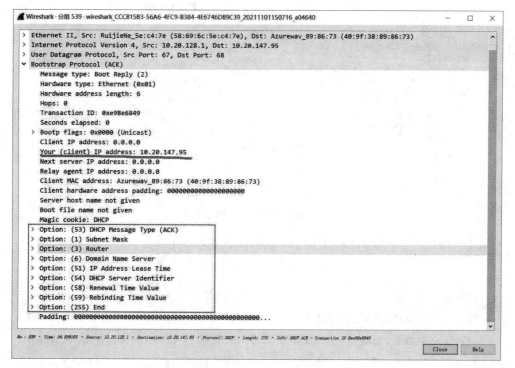

图 5-4-15　DHCP ACK 数据包

以上为使用 Wireshark 软件分析 DHCP 客户端与服务器协商交互的四种数据包，DHCP Discover、DHCP Offer、DHCP Request 和 DHCP ACK，数据包中包含了客户端动态获取 IP 地址需要的所有信息。

任务实施

搭建 DHCP 服务器

接下来使用 eNSP 仿真软件搭建一个 DHCP 服务器，检查它是否能够给主机动态的分配 IP 地址等网络信息。

(1) 打开 eNSP，新建网络拓扑。如图 5-4-16 所示，实验设置 4 台终端 (PC1、PC2、PC3、PC4)、一台 S5700 交换机 (LSW1)、一台路由器 (R1)。其中，PC1、PC2、PC3、PC4 作为 DHCP 客户端，交换机 LSW1 作为中心节点，路由器 R1 作为 DHCP 服务器，四个终端与交换机直连。

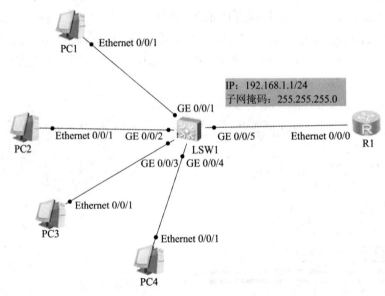

图 5-4-16　DHCP 实训网络拓扑

四个 DHCP 客户端和 DHCP 服务器实验编址见表 5-4-1。

表 5-4-1　实 验 编 址

设备	IP地址	子网掩码	默认网关	接口	目标接口
PC1	DHCP获取	DHCP获取	DHCP获取	Ethernet0/0/1	LSW1:GE0/0/1
PC2	DHCP获取	DHCP获取	DHCP获取	Ethernet0/0/1	LSW1:GE0/0/2
PC3	DHCP获取	DHCP获取	DHCP获取	Ethernet0/0/1	LSW1:GE0/0/3
PC4	DHCP获取	DHCP获取	DHCP获取	Ethernet0/0/1	LSW1:GE0/0/4
R1(AR3260)	192.168.1.1	255.255.255.0	192.168.1.1	Ethernet0/0/0	LSW1:GE0/0/5

(2) 在终端 PC1 上鼠标右键→点击"设置"，或者双击 PC1，在基础配置页面下

将 IPv4 配置中的 DHCP 选项勾上，IPv6 配置保持不变。配置完毕后，PC1 就成为了 DHCP 客户端，对 PC2、PC3、PC4 依次执行相同操作，如图 5-4-17 所示。

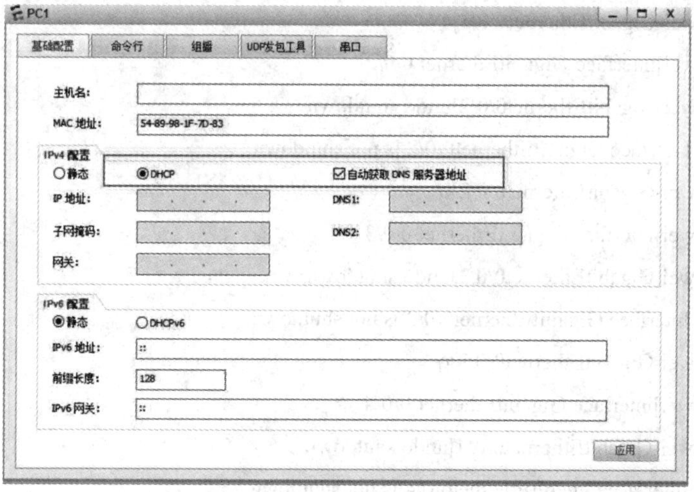

图 5-4-17　终端网络设置为 DHCP 方式

(3) 点击任意终端的命令行模式，如图 5-4-18 所示，输入 ipconfig 查询该终端的网络信息，除了物理地址 (physical address) 是 54-89-98-DB-35-24，其他 IPv4 地址 (IPv4 address)、子网掩码 (Subnet mask)、网关 (Gateway)、域名服务器地址 (DNS server) 均为空。

图 5-4-18　终端 PC2 ipconfig 结果

(4) 双击打开交换机 LSW1 的指令模式。手动开启 GE0/0/1、GE0/0/2、GE0/0/3、GE0/0/4、GE0/0/5 这五个千兆口，命令操作如下：

```
<Huawei>system-view
Enter system view, return user view with Ctrl+Z.
[Huawei]interface GigabitEthernet 0/0/1
```

```
[Huawei-GigabitEthernet0/0/1]undo shutdown
Info: Interface GigabitEthernet0/0/1 is not shutdown.
[Huawei-GigabitEthernet0/0/1]q
[Huawei]interface GigabitEthernet 0/0/2
[Huawei-GigabitEthernet0/0/2]undo shutdown
Info: Interface GigabitEthernet0/0/2 is not shutdown.
[Huawei-GigabitEthernet0/0/2]q
[Huawei]interface GigabitEthernet 0/0/3
[Huawei-GigabitEthernet0/0/3]undo shutdown
Info: Interface GigabitEthernet0/0/3 is not shutdown.
[Huawei-GigabitEthernet0/0/3]q
[Huawei]interface GigabitEthernet 0/0/4
[Huawei-GigabitEthernet0/0/4]undo shutdown
Info: Interface GigabitEthernet0/0/4 is not shutdown.
[Huawei-GigabitEthernet0/0/4]q
[Huawei]interface GigabitEthernet 0/0/5
[Huawei-GigabitEthernet0/0/5]undo shutdown
Info: Interface GigabitEthernet0/0/5 is not shutdown.
[Huawei-GigabitEthernet0/0/5]q
[Huawei]
```

(5) 配置路由器，并开启 DHCP 服务功能。在路由器的 Ethernet 0/0/0 接口使能 DHCP 服务，具体配置指令如下。并在执行 dhcp select global 命令前对路由器的 Ethernet 0/0/0 接口进行抓包，后面可以观察到 DHCP 客户端与服务器协商的四种数据包。

```
<Huawei>system-view
[Huawei]dhcp enable
[Huawei]interface  Ethernet 0/0/0
[Huawei-Ethernet0/0/1]ip address 192.168.1.1 24
[Huawei-Ethernet0/0/1]quit
[Huawei]ip pool dhcppool
[Huawei-ip-pool-dhcppool]network 192.168.1.0 mask 255.255.255.0
[Huawei-ip-pool-dhcppool]gateway-list 192.168.1.1
[Huawei-ip-pool-dhcppool]dns-list 202.106.0.20
[Huawei-ip-pool-dhcppool]quit
[Huawei]interface  Ethernet 0/0/0
[Huawei-Ethernet0/0/0]dhcp select global
```

(6) 接着在各终端输入 ipconfig 指令查看网卡信息，如果 DHCP 配置无误，如图 5-4-19 所示，此时网卡已分配好 IPv4 地址、子网掩码、域名服务器地址和网关地址。

图 5-4-19　配置后 PC2 信息查询结果

(7) 最后分析步骤 (5) 抓取的 DHCP 报文。如图 5-4-20 所示，在过滤栏输入 bootp 后，DHCP Discover、DHCP Offer、DHCP Request 和 DHCP ACK 四种协商数据包被完整地过滤出来。

	Time	Source	Destination	Protocol	Lengt	Info
14	27.515000	0.0.0.0	255.255.255.255	DHCP	410	DHCP Release - Transaction ID 0x0
20	38.296000	0.0.0.0	255.255.255.255	DHCP	410	DHCP Discover - Transaction ID 0x7837
21	38.343000	192.168.1.1	192.168.1.251	DHCP	342	DHCP Offer - Transaction ID 0x7837
23	40.312000	0.0.0.0	255.255.255.255	DHCP	410	DHCP Request - Transaction ID 0x7837
24	40.343000	192.168.1.1	192.168.1.251	DHCP	342	DHCP ACK - Transaction ID 0x7837

图 5-4-20　抓包结果

结合本任务中 DHCP 客户端和服务器的交互流程，填写表 5-4-2 中的实验结果，观察 DHCP 服务器是否实现了主机 IP 地址动态分配的功能。

表 5-4-2　实验结果

编号	终端	IPV4地址	子网掩码	网关
1	PC1			
2	PC2			
3	PC3			
4	PC4			

5G 核心网 UE IP 地址分配和管理

个人电脑联网的前提是预先配置 IP 地址，通常我们通过静态手动指定或 DHCP 配置。类似地，UE 在进行业务通信前，也必须获取到 IP 地址。

UE 获取 IP 地址的特点为：UE 的 IP 地址必须由核心网分配，而不是手动配置；UE 的 IP 地址与 PDU 会话相关，不同 PDU 会话，UE 需分别获取 IP 地址。

UE 有下面两种途径获取到 IP 地址：

(1) UE 通过 NAS 消息获取到 IP 地址。此方式下，SMF 于 PDU 会话建立过程中，向 UE 发送 PDU 会话建立接受 (NAS) 报文中携带为 UE 分配的 IP 地址，该报文由 AMF 透传给基站，再由基站透传给 UE。

(2) UE 通过 DHCP 报文获取到 IP 地址。此方式下，在 PDU 会话建立接受 (NAS) 报文中，SMF 向 UE 下发 IP 地址 0.0.0.0。PDU 会话建立结束后，UE 可通过 DHCP 过程向核心网获取 IP 地址。

 课程小结

中大型网络中逐一为每台主机手动设置 IP 地址将会是非常烦琐的工作，为了减少这个工作量，引入了动态主机 IP 地址分配协议。DHCP 可以为内部网络或网络服务供应商自动分配 IP 地址，给用户或者内部网络管理员提供对所有计算机集中管理的手段。本任务学习了 DHCP 的工作原理以及搭建 DHCP 服务器的方法，引导学生用实验来验证理论知识。

一、选择题

1. (单选题)DHCP 简称 (　　)。

A. 静态主机配置协议　　　　　　　B. 动态主机配置协议

C. 主机配置协议　　　　　　　　　D. IP 地址应用协议

2. (单选题)DHCP 服务采用的地址分配方法中，(　　) 使用了租约的概念。

A. 自动分配　　　　　　　　　　　B. 动态分配

C. 手动分配　　　　　　　　　　　D. 默认分配

二、简答题

1. 简述 DHCP 客户端与服务器交互流程涉及的四种报文格式以及功能作用。

2. 简述 DHCP 客户端获取 IP 地址的过程。

三、实验题

结合 VLAN 要求及路由器地址配置方式，请完成如图 5-4-21 所示 DHCP 服务的配置。终端 PC1 和 PC2 通过接入交换机连接到核心交换机，其中核心交换机能够提供 DHCP 服务，核心交换机两个 VLAN 接口的 IP 地址分别为 10.10.10.254/24 和 20.20.20.254/24。请列出配置清单，使得属于不同 VLAN 的两个终端 PC1 和 PC2 通过核心交换机获取相关网络参数（IP 地址、子网掩码和网关信息）。

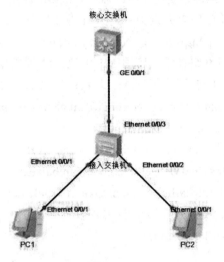

图 5-4-21

根据课堂学习情况和本任务知识点，进行评价打分，如表 5-4-3 所示。

表5-4-3 评 价 表

项目	评 分 标 准	分值	得分
接收任务	明确搭建DHCP服务器的工作任务	5	
信息收集	掌握DHCP的工作原理	15	
制订计划	工作计划合理可行，人员分工明确	10	
计划实施	掌握DHCP客户端与服务器协商流程	20	
	掌握使用eNSP搭建DHCP服务器的方法	40	
质量检查	按照要求完成相应任务	5	
评价反馈	经验总结到位，合理评价	5	

参 考 文 献

[1] 郑毛祥，程新丽，彭耘.计算机网络[M].武汉：华中科技大学出版社，2014.

[2] 阚宝朋.计算机网络技术基础[M].2版.北京：高等教育出版社，2019.

[3] 华为技术有限公司.网络系统建设与运维：初级[M].北京：人民邮电出版社，2020.

[4] 谢希仁.计算机网络[M].7版.北京：电子工业出版社，2017.

[5] 路由器工作原理[OL].https://blog.csdn.net/santtde/article/details/86765506.

[6] 黑马程序员.计算机网络技术及应用[M].北京：人民邮电出版社，2019.

[7] 田果，刘丹宁，余建威.网络基础[M].北京：人民邮电出版社，2017.

[8] 防火墙的未来[OL].https://www.cisco.com/c/dam/global/zh_cn/products/collateral/security/firewalls/ngfw-futureoffirewalling-wp.pdf.

[9] 什么是Web应用防火墙(WAF)[OL].https://zhuanlan.zhihu.com/p/88749061.

[10] 远程登录[OL].https://www.mscbsc.com/cidian/baikek9h.

[11] VLAN间路由[OL].https://blog.csdn.net/ixidof/article/details/7881809.

[12] eNSP模拟WLAN上线华为真实AP的方法及配置[OL].https://forum.huawei.com/enterprise/zh/thread-264963.html.